广东紫金白溪省级自然保护区管理处

兰生于野　紫金兰科植物荟萃

主编　郑裕庭　叶钦良

图书在版编目（CIP）数据

兰生于野 : 紫金兰科植物荟萃 / 郑裕庭 , 叶钦良主编 .
-- 北京 : 中国林业出版社 , 2020.5
ISBN 978-7-5219-0532-8

I. ①兰 … II. ①郑 … ②叶 … III. ①兰科—花卉—紫金县—普及读物 IV. ① S682.31-49

中国版本图书馆 CIP 数据核字 (2020) 第 061477 号

中国林业出版社 · 自然保护分社 / 国家公园分社

策划编辑 : 肖　静
责任编辑 : 何游云　肖　静

出版发行　中国林业出版社（100009 北京市西城区德内大街刘海胡同 7 号）
http://lycb.forestry.gov.cn　电话 :（010）83143577 83143574
印　刷　北京雅昌艺术印刷有限公司
排　版　广州林芳生态科技有限公司
版　次　2020 年 5 月第 1 版
印　次　2020 年 5 月第 1 次
开　本　889mm × 1194mm 1/16
印　张　14.25 印张
字　数　160 千字
定　价　198.00 元

《兰生于野——紫金兰科植物荟萃》
编委会名单

顾　　问　廖继聪

技术顾问　刘仲健

主　　编　郑裕庭　叶钦良

副 主 编　李玉峰　钟智明　吴健梅　吴林芳

编　　委（以姓氏笔画为序）

叶钦良　刘仲健　李玉峰　吴林芳
吴健梅　汪惠峰　张中文　张志坚
张晓莹　张彩英　杨晓婷　范秋兰
郑裕庭　钟智明　夏远光　黄萧洒
谢彩凤

摄　　影　叶钦良　钟智明　李玉峰　吴健梅

书名题词　周国城

书画插图　钟瑞军

彩绘插图　青　川

技术支持　广州林芳生态科技有限公司

紫金县位于广东省东中部、河源市东南部、东江中游东岸，是广东省重要的生态功能区。全县辖区总面积3228平方千米，八成以上是山岭和丘陵，平均海拔300米。紫金属亚热带季风气候，北回归线横贯县境中部，气候温和，年均无霜期300天、降水量1734毫米。近年来，紫金牢固树立习近平生态文明思想，大力践行“绿水青山就是金山银山”的理念，坚持“绿色引领”，狠抓生态文明建设，全县森林覆盖率逐年提升，大气、水环境常年达优质等级，堪称“北回归线上的绿宝石”。

独特的自然地理环境和良好的气候条件，孕育了丰富的生物多样性。经科学考察，紫金行政区域内共有野生维管植物224科813属1713种（其中，国家重点保护野生植物11种），尤其是兰科植物种类丰富，共有石豆兰属、斑叶兰属、沼兰属、玉凤花属等38属78种。2018年3月在紫金白溪省级自然保护区发现、发表的“广东舌唇兰”“紫金舌唇兰”两种极度濒危植物新种，为兰科育种注入了新的种源，为兰科植物的进化研究提供了新的依据。

本书记录了75种紫金县域内的兰科植物和25种县域外的特色兰花，并详细介绍了它们的形态特征、分布区域及生长地的生态环境等，种类丰富，图文并茂，内容翔实，对于深化兰科植物研究、推动兰花产业发展以及介绍紫金生态文明建设成果具有重要意义和科学价值。希望本书的出版能把紫金野生兰花的科学、美学、人文等价值展现给世人，唤起各界人士对紫金兰花的关注和保护，促进形成全社会珍惜、热爱和保护大自然的行动自觉，为构建人与自然和谐共生的生命共同体贡献力量。

中共紫金县委书记、县长

二〇二〇年三月

引言·兰花的前世今生

被子植物又名开花植物或有花植物，起源于早白垩纪或更早时期，在白垩纪末期（约6500年前）发生大量的辐射适应后，它们占据了几乎所有的生境与分布。古植物学及分子系统发生学与分支学两大领域的研究彻底改变了植物学家对植物进化的理解。兰科分为5个亚科，大约28000种，是被子植物中的家族成员较多的大科之一，也是植物科中纬度分布最广的一科。解决兰科植物的多样性问题，尤其是花的多样性，必须结合最新的基因组数据、化石及分子生物学技术进行相关研究，加深对兰科植物进化过程的了解，从而对被子植物进化有进一步的理解。因此，研究兰花的起源和进化是植物学研究中的重要课题。

兰科植物的多样性体现在花形态的起源与进化上，花部发育是受MADS-box基因家族的调控。古老起源的MADS-box基因编码了一个长度为55~60个氨基酸的高度保守的MADS (MCM1 / AGAMOUS / DEFICIENS / SRF) 结构域。MADS-box基因通过全基因组复制 (whole gene duplication, WGD）在有花植物中扩增，并参与开花时间、花器官分化、果实发育和植株发育的调控。MADS-box基因家族的古老起源和进化，对植物的繁殖器官特别是兰科植物花的形态建成尤为重要。因此，MADS-box基因家族成为兰科植物进化研究的重要对象。通过兰花基因组的研究，将揭示MADS-box基因家族在兰科植物花形态建成和进化中的作用。

第一个被发现的兰花化石的花粉块以附着在*Proplebeia dominicana*（一种灭绝的无刺蜂）胸背上的方式，被保存在多米尼加共和国的1500万~2000万年前的中新世琥珀中；之后，另一个更古老的兰花化石被发现在中新世波罗的海的约4000万~4500万年前的琥珀中。然而，分子系统进化树研究表明，现存兰花的最近共同祖先可能早在7600万~8400万年前的白垩纪晚期就已出现。而结合兰科生物地理学和系统发育推测兰花最早出现在11200万年前的澳大利亚。总之，目前已知的兰花化石仍然稀少，且比理论上的兰花共同祖先更为年轻。因此，兰科植物的起源仍然是一个谜，而通过兰科植物基因组学的研究为探索其起源和进化提供了新方法。

作为植物学研究中的一种宝贵资源，基因组序列可以通过比较基因组学的研究探讨植物进化的问题，也为兰科植物的起源和进化提供了技术支撑和借鉴。在植物中，2000年，通过Sanger法对拟南芥*Arabidopsis thaliana*首次完成全基因组测序，该方法使用了细菌人工染色体（BAC）、噬菌体（P1）和具有转化能力的人工染色体（TAC）文库来进行测序。继拟南芥之后，又以相同的方式对另外3种植物（水稻、高粱和玉米）基因组进行了测序。随着计算机科学的发展，以及测序技术及用于组装大量测序数据算法的进步，次世代测序技术在测序植物基因组方面变得更受欢迎和更为经济实惠。近年来，第三代测序技术已经可得到平均长度为20kb的长数据，为克服复杂和多倍体植物基因组组装提供了帮助。到目前为止，大约有200种植物已经进行了基因组测序与组装，其中包括模式和非模式植物。这些技术和成果促进了兰科植物基因组学的研究。兰科植物中的5个物种（小兰屿蝴蝶兰 *Phalaenopsis equestris*、蝴蝶兰 *Phalaenopsis aphrodite*、铁皮石斛 *Dendrobium officinale*、深圳拟兰 *Apostasia shenzhenica* 和天麻 *Gastrodia elata*）高质量参考基因组已经完成了测序。这些基因组数据结合兰花化石证据为推测兰花起源和演化历史提供了新的方法。

现存兰花的5个亚科分别为拟兰亚科（2属17种）、香荚兰亚科（15属180种）、杓兰亚科（5属130种）、树兰亚科（500多属24000种）和兰亚科（208属3630种）。不像其他兰科亚科的花那样具有两侧对称的花被、唇瓣（修饰的花瓣）、蕊柱（雄蕊和雌蕊融合生成的合蕊柱）和花粉块（黏合成的花粉粒），拟兰亚科的花具有辐射对称的花被，没有完全特化的唇瓣；具有3个雄蕊，部分与雌蕊合生形成相对简单的合蕊柱和粉状花粉。此外，系统发生学研究表明，拟兰亚科通常被认为是兰科的基部类群。因此，拟兰亚科被认为比其他现存的兰科亚科起源更古老。解决现存兰花起源之谜的可能方法之一就是能够将拟兰亚科与其他兰科亚科基因组之间进行对比研究。而覆盖所有兰科亚科的12种兰花的旁系同源基因中的每个同义位点（*Ks*）的同义取代分布显示了 *Ks* 为0.7~1.1，这反映了兰科存在一次WGD事件。兰科与芦笋 *Asparagus officinalis*（兰科植物近缘科的物种）之间的旁系同源物和直系同源 *Ks* 分布的比较结果表明，这次WGD事件仅存在于兰花的共同祖先中。结合共线性分析和同线性分析的结果表明，兰花这一特异性WGD事件发生在白垩纪/古近纪的分界线附近。现存兰科植物的共同祖先发生WGD后，随即在短期内通过基因的丢失或扩张，分化为5个亚科，其中，拟兰亚科丢失的基因最多。这些结果暗示着拟兰亚科可能不是兰科最古老的类群，也许只是拥有更为古老的性状而已。基于5个现存的兰科亚科从一个共同的祖先独立进化而来的观点，那么，若将WGD后设定为现存兰科基因组进化的一个基点，可以认为：①未发生WGD前的兰花祖先，其基因组大小只是发生WGD后兰花的一半。因此，未发生WGD前的兰花与现存的兰花在形态上将存在重大差异。②现存兰花的祖先在发生WGD后时拥有最完整的遗传信息，随即开始基因的丢失或扩增，开启了现存兰花的进化起点。③现存的兰花主要在发生WGD后，不同的兰花通过特异的基因丢失和扩张进而分化为5个亚科。在5个亚科中，拟兰亚科丢失最多的基因，而树兰亚科丢失的最少。因此，树兰亚科的基因组最接近兰科植物的共同祖先在发生WGD后的基因组，并可能保留了比较多的当时的特征。而拟兰亚科丢失的基因最多，其形态可能更接近发生WGD之前的兰花祖先特征。

基于兰科植物WGD后的基因组信息，相对于兰科的分子系统进化树，顶部的类群拥有基因组信息与发生WGD时最为相近，而基部的类群与发生WGD时差别最大，更接近WGD前的兰花。基因组分析结果显示，WGD后先形成兰花的两侧对称性（唇瓣的出现），随后由于调控唇瓣发育的基因的丢失导致唇瓣演化为“花瓣”，产生了辐射对称性的拟兰亚科的花。因此，WGD后兰花可能从两侧对称演变为辐射对称。两侧对称的兰科物种促进传粉专化性的形成以更加适应新生境与分布，从而分化为更多的物种。受兰花进化路径的启发，被子植物的进化可能具有与兰科植物相似的模式：现在所有被子植物的科几乎同时都出现在白垩纪晚期，它们几乎都发生了与兰科植物相似的WGD。现存被子植物的前祖先发生了WGD，躲过了白垩纪晚期的大灭绝事件后，占据灭绝物种留下的生态位而产生大量的辐射适应。这为现存的被子植物突然在白垩纪晚期发生物种大量辐射适应，而之前很少出现的“达尔文进化之谜”提供了一种解释。因此，在追踪被子植物的起源，追溯它们的前祖先时不应该只以现在的被子植物的形态作为参考标准，有可能它们具有截然不同的形态。

正如前面所述，拟兰亚科与其他4个亚科在形态上有很大的差异，特别是在花的唇瓣、蕊柱和花粉形态上明显不同。通过对深圳拟兰与其他兰花以及被子植物基因组的比较发现，兰花有474个特有基因家族。因此，得以重建一个兰花祖先的基因工具包和基因池，并可从中窥视兰花新的基因家族及其扩张和收缩的进化历史，特别是调控兰花开花的MADS-box基因“生”与“死”的历史踪迹，从而揭示了唇瓣、合蕊柱、花粉块、无胚乳种子的发育及地生与附生习性进化的分子机制。

兰科植物演化成一个很独特的类群在于它的花部器官的构成：3枚萼片、3枚花瓣（其中1枚特化为唇瓣）以及合蕊柱。Type II MADS-box基因家族包括E-class、C/D-class、B-class AP3以及AGL6基因家族，比其他物种有更多套基因。这些扩张的基因家族调控了兰花花部器官的发育（图1）。

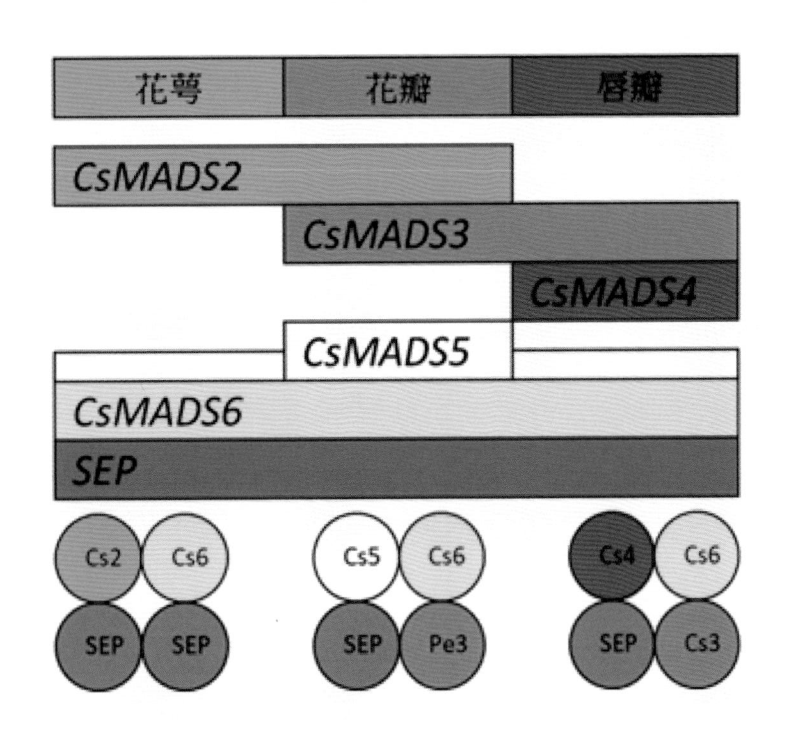

图1 MADS-box基因家族在蝴蝶兰花中的表达模式

合蕊柱是兰花花部构成的一个标志性器官，分析和验证的结果显示，合蕊柱的发育由一个C类基因(C-class) *PeMDAS1* 和一个D类基因（D-class）*PeMADS7* 所调控。蝴蝶兰基因组数据的应用，已鉴定MYB基因调控花的颜色的形成以及TCP基因调控胚珠的发育。

唇瓣（修饰的花瓣）可以吸引传粉者并为其提供采蜜时的“着陆平台”，然而，深圳拟兰具有一个未分化的唇瓣和辐射对称的花被（图2）。

a：拟兰属的花

b：蝴蝶兰属的花

图 2 兰花的花部形态

MADS-box B-AP3 和 E 类基因参与调控其唇瓣的形成。在深圳拟兰、小兰屿蝴蝶兰和铁皮石斛中分别有 2、4 和 4 个 B-AP3 基因及 3、6 和 5 个 E 类基因。B-AP3 和 E 类基因数量均在深圳拟兰中减少。B-AP3 基因的进化树和共线性分析表明，B-AP3 和 E 类基因在现存兰花的共同祖先中扩增，而深圳拟兰丢失了 B-AP3 和 E 类同源基因而不能形成特化的唇瓣，导致花被恢复到祖先状态（图 3）。

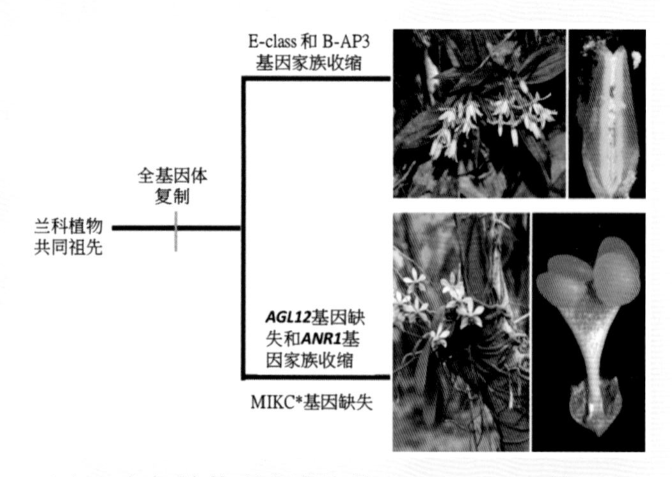

图 3 参与兰花形态进化的 MADS-box 基因

种子形成于植物的繁殖阶段，无论是裸子植物还是被子植物均是这样。一般来说，种子中发芽的营养物质通常储存在胚乳中。然而，兰花种子仅含有胚芽，没有胚乳和其他明显的组织分化。未能形成功能性的胚乳会导致在单个蒴果内含有大量微小种子（称为粉状种子）。Type I MADS-box 基因在种子发育中起关键作用，特别是在胚乳发育的早期阶段和指定雌配子体时期。Type I MADS-box 基因可分为 3 类：Mα、Mβ 和 Mγ。Mα 和 Mγ MADS-box 基因在小兰屿蝴蝶兰、深圳拟兰和大叶仙茅 *Curculigo capitulata* 的种子发育过程中表达。然而，Mβ MADS-box 基因不存在于兰花基因组中，包括小兰屿蝴蝶兰、深圳拟兰、蝴蝶兰、天麻和铁皮石斛，但在拟南芥、毛果杨 *Populus trichocarpa*、水稻 *Oryza sativa* 和大叶仙茅中有发现。因此，丢失的 Mβ MADS-box 基因可能与兰花的种子没有胚乳相关，从而形成微小的种子。兰花进化出没有胚乳的种子，而将能量用于更多种子的产生致使一个果实可达几万个种子，同时变小的种子更容易传播以占领新生境与分布形成新物种。

兰花种子缺乏营养来源（胚乳），迫使兰花种子以独特的方式发芽。兰花种子发芽后在叶片发育成熟之前劫持了共生菌根真菌并吸收共生真菌的营养物质。有趣的是，胚乳中后合了的杂交屏障是植物中主要的杂交障碍类别之一。即使在不发育胚乳的兰花种子，它也可能在兰花中引起低强度的种间杂交障碍。兰科植物，如小兰屿蝴蝶兰进化出自交不亲和的繁殖系统，是由于在其基因组的杂合区存在大量的杂合子所致。然而，缺乏较强的种间杂交障碍和杂合区在多种兰花中被发现，如阴生掌裂兰 *Dactylorhiza* spp.、红门兰 *Orchis* spp.、蜂兰 *Ophrys* spp. 和树兰 *Epidendrum* spp.，并在东南亚的兜兰种群中证实了网状进化。因此，推测种间杂交和属间杂交在兰花物种多样性的演变中起着重要作用。

花粉块是一种花粉粒黏合成块的组织，在兰科和萝藦科中独立进化，可以附着在授粉昆虫身上以便传播，在该种群的辐射分布方面发挥作用。在维管束植物中，MIKC*MADS-box 基因（包括 P- 和 S- 亚类基因）在花粉成熟过程中的雄配子体发育中的功能是相当保守的。除了具有散生花粉粒的深圳拟兰外，P- 亚类基因已经在兰花中丢失。相比于其他 4 个亚科具有庞大的物种（从 180 种到超过 24000 种），现存拟兰亚科仅有少量物种（17 种）。因此，其他亚科的兰花植物 MIKC*MADS-box 基因的 P- 亚类成员的丢失被认为导致花粉块的进化（图 3）。花粉块的形成，是兰科进化史上的一项关键创新，在促进兰花新物种形成上起重大作用。这是由于花粉块形成后产生了花朵间一对一的传粉模式，促成了生殖隔离从而有助于新物种的形成，不像拟兰亚科那样，一朵花的花粉可以散播给许多朵花传粉而造成后代同质化。

许多兰花具有附生习性，它们不在地面上生长，而是附生于其他植物（通常是树木）、岩石和任意固态物上。附生性兰花可更接近阳光和 / 或进入几乎没有竞争的领地。附生性兰花的根部有一些特殊的适应性构造，包括海绵表皮和根膜，以帮助它们紧贴树木，从雨水和空气中收集水分和养分。拟南芥中的 *AGL12* 基因调控根分生组织的细胞增殖而分化出地生根，而丝叶狸藻 *Utricularia gibba* 缺乏 *AGL12* 相似基因，所以它没有形成真正意义上的根。附生性兰花也没有 *AGL12* 相似基因，但是地生的深圳拟兰含有一个在根部高度表达的类似 *AGL12* 的基因。此外，与根相关的 MADS-box 基因亚家族 *ANR1* 在附生兰（小兰屿蝴蝶兰和铁皮石斛）中也减少。功能性四聚体复合物的形成是花器官特定 MADS-box 蛋白的显著特征。两种花被特定基因（B-AP3 和 E 类）及两种与根发育相关的 MADS-box 基因（*AGL12* 和 *ANR1*）分别在深圳拟兰和小兰屿蝴蝶兰中一起丢失（图 3）。因此，推测 *AGL12* 和 *ANR1* 可能参与类似于 B-AP3 和 E 类的功能性复合物的合成。当这些基因丢失时，参与复合物形成的其他基因则不能发挥更多功能，致使兰花生长出气生根，从而进化出兰花的附生特征。另一方面，调控景天酸代谢的基因（α 碳酸酐酶）明显扩张致使兰科植物进化出景天酸代谢功能，促进了附生习性产生。铁皮石斛大量的抗性基因（R- 基因）扩张和多糖合成通路的进化使它能适应不同的生态条件而有较为广阔的分布区。这种附生特性的形成，可使兰花利用其他植物所不能利用的生境与分布进行生长。这些生境与分布之间存在很大差异，容易隔断兰花物种的基因交流（即生境与分布隔离），有助于促进新物种的产生。

比较基因组学是研究物种进化的一种非常有用的技术方法。通过比较拟兰亚科和树兰亚科完整的高质量参考基因组，揭示现有的全部兰花是从一个共同的祖先进化而来的，它在白垩纪后期发生 WGD 后开启了现存兰科植物的起源，随后在较短的时间内通过基因的丢失和扩张分化出 5 个亚科。兰花独特形态的进化是由相关基因参与调控所致。

目前，兰科植物中的 5 个物种高质量参考基因组已经完成了测序，研究成果发表于《自然》（《Nature》）和《自然遗传学》（《Nature Genetics》）等科学杂志。因此，开展对尚未有全基因组数据的香荚兰亚科、杓兰亚科和兰亚科的 3 个亚科物种参考基因组的测序，将有助于全面了解兰科植物的进化和形态多样化的分子机制。

此外，部分兰科植物具有花距，在耧斗菜 *Aquilegia viridiflora*、柳穿鱼 *Linaria vulgaris* 中已进行相关研究，但是目前对兰科植物的花距研究鲜有报道，研究花蜜距的形成机理以及与传粉媒介之间的协同进化将是非常有趣的课题。因此，需要加强对这些特殊花器官结构的研究与分析，以确定它们的调控网络，进而为兰科植物 5 大亚科的花器官进化研究奠定基础。

分子数据能够较好地反映植物的遗传物质以及性状的分子调控机理，表型是由遗传物质与其环境的相互作用发展而来的，单从分子角度来探索生物系统及其环境的关系几乎是不可能实现的，而只有将分子数据与表型相结合才能解开植物的起源进化之谜。组学时代的到来以及形态学研究的进步将为兰科植物的起源和多样性形成机制探索注入强劲动力。

刘仲健

中国植物学会兰花分会副理事长

二〇二〇年三月

基础知识·兰科植物介绍

按照生长分类

地生兰——植株根部生长在土壤中的一类兰花，如建兰、墨兰等。

附生兰——依附于岩石、树干之上，裸露而生，仅少数有苔藓植物依附的兰花，或个别长根可介入泥土或苔藓之中的兰花，如石仙桃、独蒜兰等。

腐生兰——腐生植物，无绿叶，亦无假鳞茎，地下有根状茎的兰花，如天麻等。

兰科植物各器官特征

1. 根

地生兰——根系丛生，纤细，大多具根毛，具分枝（图 1）。

附生兰——根较为强壮，粗大，气生根发达，多为肉质根。

腐生兰——菌根营养，常有块茎或肥厚的根状茎（图 2）。

图 1 地生兰的根茎（建兰）

图 2 腐生兰块茎状的根状茎（天麻）

2. 茎

地生兰——常有块茎或肥厚的根状茎，叶基生或茎生。

附生兰——肉质假鳞茎，叶生于假鳞茎顶端（图 3）。

腐生兰——常有块茎或者肥厚的根状茎，无叶，不需要光合作用。

图 3 附生兰的假鳞茎（广东石豆兰）

3. 叶

兰科植物的叶形差异极大，从卵圆形到棒状都有（图4、图5），质地从纸质到厚革质也都有（图6）。不同产地的叶子形态及质地会有很大区别，是因为适应当地的环境演化而来的。

图4 草质叶（海南沼兰）

图5 肉质棒状叶（广东隔距兰）

图6 厚革质叶（剑叶石斛）

4. 花

萼片——生长在花朵最外侧，通常有3片，上方的为中萼片，两侧的为侧萼片（图7）。

花瓣——花朵的第二层结构，通常有3片，2片在左右侧，1片在蕊柱下方。下方是特化了的花瓣，通常称为唇瓣（图7）。

合蕊柱——雌蕊、雄蕊器官完全融合成柱状体，成为合蕊柱（图7）。

距——有些兰花，在唇瓣基部靠近蕊柱下侧地方，会向后伸长，形成管状，里面储存花蜜，称为距。

图7 花的结构

5. 果实

果实通常为蒴果（图8），较少呈浆果状，具极多种子。

图8 流苏贝母兰的果实

6. 种子

种子极小（图9），无胚乳，种皮常在两端延长成翅状，稀无翅。

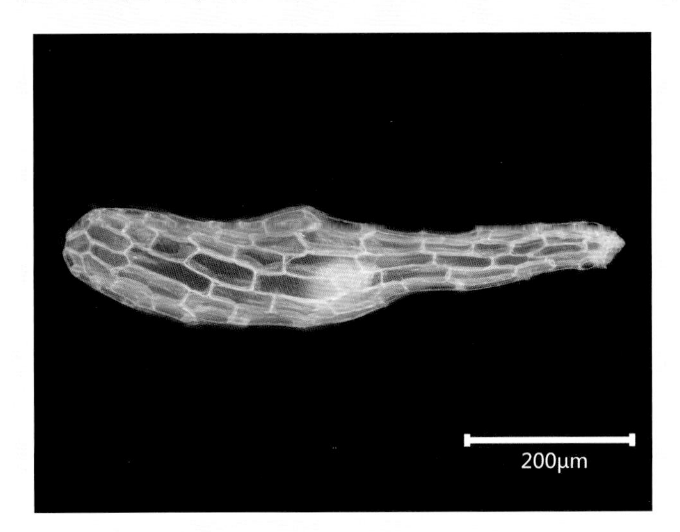

图9 地宝兰的种子（显微镜图片）

兰科植物花序类型

单生花——花茎顶端单生一朵花（图10）。

图10 单生花的独蒜兰

总状花序——花序轴不分枝，较长，具有花柄的小花着生于花序轴上，小花的花柄等长，由下至上开花（图11）。

图11 总状花序的黄花鹤顶兰

圆锥花序——主花轴分枝，每个分枝均为总状花序，故称复总状花序。又因整个花序形如圆锥，而称圆锥花序（图12）。

图12 圆锥花序的大序隔距兰

伞形花序——花轴缩短，在总花梗顶端集生许多花梗近等长的小花，放射状排列如伞（图13）。

图13 伞形花序的卷瓣梳帽兰

螺旋花序——花朵呈螺旋形式排列在花轴上，花朵由基部向上逐渐开放（图 14）。

图 14 螺旋花序的绶草

特征概述·紫金兰科植物物种多样性

兰科植物概况

兰科植物作为被子植物的大科之一，全世界约有736属28000种，广泛分布于大部分的陆地生态系统中，尤其是南美洲和亚洲热带地区种类最多。

中国地域辽阔，从北到南跨越寒、温、热三个气候带，地形复杂，生态条件各异，植被类型多样，所以，我国的兰科植物资源丰富多样。据统计，目前，我国有野生兰科植物181属1663种，其中682种为我国特有种，主要集中生长在长江流域和西南、东南各省份，以云南、四川省为最，总体呈现由南至北数量递减的趋势。

兰科植物作为世界珍贵的野生植物资源之一，全科被列入《濒危野生动植物种国际贸易公约》予以保护。由于兰科植物对生境与分布要求较高，而且兰科植物的丰富程度又在一定程度上能够反映当地的生物多样性的状况，因此，常通过兰科植物的调查来对该地区的生物多样性丰富度和保护现状进行评估。

紫金县自然概况

紫金县位于广东省东中部、河源市东南部、东江中游东岸。地理坐标为114°40′E~115°30′E、23°10′N~23°45′N。东接五华县，东南与陆河县相连、与海丰县毗邻，南与惠东县相邻，西南与惠州市惠城区相接，西与博罗县隔东江相邻，西北与河源市源城区相接，北与东源县交界。全县境域东至南岭镇东溪村蕉窝，西至古竹镇江口村，南至上义镇卷蓬村，北至紫城镇白溪燕子岩。东西长88.6千米，南北宽64千米。全县总面积3228平方千米，80%以上为山岭、丘陵，素有“八山一水一分田”之称。

紫金县山地、丘陵占全县总面积的84%，河谷、盆地、水域占16％。地势东高西低，南北两面山峦重叠，地势较高；中部较低并向东西两翼倾斜，构成不大对称的马鞍形，分别归属不同流向的两条水系(东江水系和韩江水系)。东翼较窄且陡，西翼宽阔较为平缓。东南部武顿山为最高峰，海拔1233米，西部古竹江口为最低点，海拔50米，全县平均海拔300米。

紫金县属亚热带季风气候。气候温和，光照充足，雨量充沛。季风明显，夏长冬短。年平均气温20.5°C，年平均降水量1733.9毫米，年平均日照时数1705.7小时，年平均雷暴日为88.9天。

紫金县是一个自然地理复杂、生态景观壮丽的地区，因此孕育、形成了生物多样性的演化和发展，从而保存了丰富的植被类型。生物多样性调查表明，紫金县域内野生维管植物有224科813属1713种（含变种、变型），其中，蕨类植物39科73属142种；裸子植物6科7属9种；被子植物179科733属1562种。根据国务院1999年8月4日批准的《国家重点保护野生植物名录（第一批）》，有国家重点保护野生植物11种、《华盛顿公约》（CITES）附录一附录二规定保护的野生兰科植物78种。

紫金县兰科植物物种组成

经过野外科考调查统计，紫金县域兰科植物总计有38属78种，包括47种地生兰，27种附生兰，4种腐生兰，分别占我国兰科植物总种数的2.826％、1.624%、0.241%。种类主要集中在石豆兰属

Bulbophyllum（6种）、斑叶兰属 *Goodyera*（6种）、沼兰属 *Malaxis*（2种）、玉凤花属 *Habenaria*（3种）、羊耳蒜属 *Liparis*（4种）、舌唇兰属 *Platanthera*（2种）等。其余多数都是单种属或寡种属。

紫金县还分布有广东省内最大的紫纹兜兰 *Paphiopedilum purpuratum* 野生居群。除此之外还在白溪省级自然保护区发现了2个新种，即广东舌唇兰 *Platanthera guangdongensis*、紫金舌唇兰 *Platanthera zijinensis*。

紫金县兰科植物的分布情况

对紫金县兰科植物的野外调查发现，分布比较多且个体数量比较丰富的种类主要有竹叶兰 *Arundina graminifolia*、橙黄玉凤花 *Habenaria rhodocheila*、流苏贝母兰 *Coelogyne fimbriata*、镰翅羊耳蒜 *Liparis bootanensis*、见血青 *Liparis nervosa*、细叶石仙桃 *Pholidota cantonensis*、苞舌兰 *Spathoglottis pubescens* 等。常见的种类主要有芳香石豆兰 *Bulbophyllum ambrosia*、广东石豆兰 *Bulbophyllum kwangtungense*、密花石豆兰 *Bulbophyllum odoratissimum*、半柱毛兰 *Eria corneri*、细裂玉凤花 *Habenaria leptoloba*、石仙桃 *Pholidota chinensis*、带唇兰 *Tainia dunnii* 等。这部分个体数量比较多的兰科植物主要分属于羊耳蒜属、石豆兰属、石仙桃属 *Pholidota*、玉凤花属等，普遍分布在海拔200~700米的地区。造成这一现象的原因主要是因为这部分兰科植物对生境与分布的要求不是非常严格。而其他种类，如棒距虾脊兰 *Calanthe clavata*、寒兰 *Cymbidium kanran*、小毛兰 *Eria sinica*、无叶美冠兰 *Eulophia zollingeri* 等只能偶见，分布在海拔400~700米的区域。金线兰 *Anoectochilus roxburghii*、无叶兰 *Aphyllorchis montana*、深圳拟兰 *Apostasia shenzhenica*、长须阔叶兰 *Peristylus calcaratus*、毛唇芋兰 *Nervilia fordii*、墨兰 *Cymbidium sinense*、铁皮石斛 *Dendrobium officinale* 等部分种则非常稀少，且主要分布在海拔500米以上、一些人为干扰较少的区域。

紫金县兰科植物的区系特征

属的区系特征

紫金县总计有38属兰科植物，其中23属地生，13属附生，2属腐生，地生与附生的比例为1.92 ：1（羊耳蒜属有地生也有附生，按照多数类型即地生来统计，腐生兰统计在地生兰内）。

经调查统计，县内兰科植物属于世界分布属的有3个，即羊耳蒜属、沼兰属和斑叶兰属，共含14种。热带成分的分布属在紫金兰科植物中占据了绝对优势，有31属，占非世界分布属的89 %。主要分布型有热带亚洲至热带大洋洲分布型（13属），占非世界分布属的37%；热带亚洲（印度—马来西亚）分布（10属），占非世界分布属的29%。除此之外，旧热带分布型有5属，占非世界分布属的14%；泛热带分布型有3属，占非世界分布属的9 %。

温带分布属有4个，即玉凤花属、舌唇兰属、蜻蜓兰属、绶草属，均属于北温带分布，占非世界分布属的11%。县内这四属的兰科植物生活型均为地生。

种的区系特征

紫金县78种兰科植物中没有世界分布种类，53个属于热带性质，25个属于温带性质。

热带亚洲及其变型的种类占了热带成分分布属的大部分，共计46种，这其中有7种为热带亚洲广泛分布。另外，还有5种为热带亚洲至热带大洋洲分布，即绿花斑叶兰 *Goodyera viridiflora*、绶草 *Spiranthes sinensis*、无叶美冠兰 *Eulophia zollingeri*、鹤顶兰 *Phaius tancarvilleae*、地宝兰 *Geodorum densiflorum*，这其中只有无叶美冠兰为腐生，其他均为地生；1种为热带亚洲和东非或马达加斯加间断分布，即多花脆兰；泛热带分布的仅有见血青1种。

温带成分的分布属中，主要是以东亚分布和中国特有分布为主。北温带分布的仅有绶草1种。东亚分布中，中国—日本分布有7种，即瘤唇卷瓣兰 *Bulbophyllum japonicum*、黄兰 *Cephalantheropsis obcordata*、全唇叉柱兰 *Cheirostylis takeoi*、琉球叉柱兰 *Cheirostylis liukiuensis*、寒兰 *Cymbidium kanran*、铁皮石斛 *Dendrobium officinale*、全唇盂兰 *Lecanorchis nigricans*。这7个种中，瘤唇卷瓣兰为附生，全唇盂兰为腐生。中国—喜马拉雅分布的仅1种，即多叶斑叶兰。中国特有种在保护区内仅次于热带分布的种，共有15种，其中含有最新发现的广东舌唇兰和紫金舌唇兰。

从紫金县兰科植物的区系特征可以看出，不管是属的成分还是种的成分都是热带性质的占了绝对的优势。这也符合了紫金县地处南亚热带的特征。温带成分在属的成分上显示并不明显，只有4属，而在种的成分上相对更为突出一些。尤其是中国特有种占了非世界分布种的19%。

虽然紫金县兰科植物种类较为丰富，但大部分的居群数量都比较小，只有6种兰科植物如竹叶兰、流苏贝母兰、见血青等个体数量较多，大部分的兰科植物种群都处于偶见或稀少的状态。金线兰、紫纹兜兰、广东舌唇兰、紫金舌唇兰、黄花线柱兰、独蒜兰、歌绿斑叶兰、广东羊耳蒜等需要重点进行保护。同时，白溪省级自然保护区、乌顿山、飞云寨、乌禽嶂、燕子岩这几个分布种类丰富的地方应该重点保护，同时加强对县内稀有兰科植物的研究，为兰科植物的保护提供科学依据。

紫金野生兰花——黄兰的生境

目录

CONTENTS

PART I: 紫金野生兰花(75种)

PART II: 紫金域外特色兰花(25种)

The orchids native to Zijin

PART I: 紫金野生兰花（75种）

千古幽貞是此花不求聞達只烟霞采樵
或恐通來路更取高山一片遮
清鄭板橋詩一首庚子三月鍾瑞軍

寒兰

Cymbidium kanran Makino

植株

寒兰

***Cymbidium kanran* Makino**

科属：兰科兰属

花

形态特征

地生兰，草本。假鳞茎狭卵球形，长2~4厘米，宽1~1.5厘米，包藏于叶基之内。叶3~7枚，带形，长40~70厘米，宽9~17毫米。花莛侧生，长25~60厘米，直立；总状花序疏生5~12朵花；花苞片狭披针形；花常为淡黄绿色而具淡黄色唇瓣，也有其他色泽，常有浓烈香气；萼片近线形或线状狭披针形，长3~6厘米，宽3.5~5毫米；花瓣常为狭卵形或卵状披针形，长2~3厘米，宽5~10毫米；唇瓣近卵形，不明显的3裂；中裂片较大，外弯，上面亦有类似的乳突状短柔毛，边缘稍有缺刻；唇盘上具2条纵褶片；蕊柱长1~1.7厘米。花期8~12月。

生境与分布

生于海拔400~2400米的林下、溪谷旁或稍荫蔽、湿润、多石之土壤上。分布安徽、浙江、江西、福建、台湾、湖南、广东、海南、广西、四川、贵州、云南。

拓展知识

“兰为王者香”，香是寒兰鉴赏的灵魂。寒兰的香气非常独特，具有凌寒怒放飘幽香的特色，越冷越香，温度超过20°C时，花香反而变淡甚至无香。寒者，多为孤寂之意，符合文人孤芳自赏气质，寡人独处之乐，而非大众聚合之乐。寒兰的花形亦别具一格，外瓣大多呈现细狭线条状，形态各异，如中国书法，章法有度，颇有线条之美。花色有红褐色、紫褐色、白色、青色等。

植株

建兰
Cymbidium ensifolium (L.) Sw.

别名：四季兰
科属：兰科兰属

形态特征

地生兰，草本。假鳞茎卵球形，长 1.5~2.5 厘米，包藏于叶基之内。叶带形，有光泽，长 30~60 厘米，宽 1~1.5 厘米。花莛侧生，直立，长 20~35 厘米；总状花序具 4~9 朵花；花苞片长 5~8 毫米；花常有香气，色泽变化较大，通常为浅黄绿色而具紫斑；萼片近狭长圆形或狭椭圆形，长 2.3~2.8 厘米，宽 5~8 毫米；花瓣狭椭圆形或狭卵状椭圆形，长 1.5~2.4 厘米，宽 5~8 毫米，近平展；唇瓣近卵形，长 1.5~2.3 厘米，略 3 裂；中裂片卵形，具小乳突；唇盘上有 2 条纵褶片；蕊柱长 1~1.4 厘米。花期 6~10 月。

生境与分布

生于海拔 600~1800 米的疏林下、灌丛中、山谷旁或草丛中。分布安徽、浙江、江西、福建、台湾、湖南、广东、海南、广西、四川、贵州、云南。

拓展知识

中国兰属植物是我国传统花卉，有 2000 多年的观赏和栽培历史。国人称为“国兰”的地生兰主要包括春兰 *Cymbidium goeringii* (Rchb. f.) Rchb. F.、蕙兰 *Cymbidium faberi* Rolfe、建兰、墨兰 *Cymbidium sinense* (Jackson ex Andr.) Willd.、寒兰、春剑 *Cymbidium tortisepalum* var. *longibracteatum* (Y. S. Wu et S. C. Chen) S. C. Chen et Z. J. Liu 等。此类兰花叶片线形，清瘦飘逸，花朵秀丽，幽香袭人，深受大家喜爱。古人在诗歌、绘画中常以兰来抒怀，清朝郑燮《题画兰》中写道：“身在千山顶上头，突岩深缝妙香稠。非无脚下浮云闹，来不相知去不留。”

建兰味道清香，变型很多，有些变型从夏至秋不停地开花，故有“四季兰”之称。

花

植株（墨兰品种‘黄素心’）

墨兰

Cymbidium sinense (Jackson ex Andr.) Willd.

别名：报岁兰

科属：兰科兰属

植株（墨兰品种‘秋榜’）

花

形态特征

地生兰，草本。假鳞茎卵球形，长 2.5~6 厘米，宽 1.5~2.5 厘米，包藏于叶基之内。叶 3~5 枚，带形，近薄革质，长 45~80 厘米，宽 2~3 厘米。花莛侧生，直立，长 40~90 厘米；总状花序具 10~20 朵或更多的花；花的色泽变化较大，多为暗紫色或紫褐色而具浅色唇瓣，也有黄绿色、桃红色或白色，一般有较浓的香气；萼片狭长圆形或狭椭圆形，长 2.2~3 厘米，宽 5~7 毫米；花瓣近狭卵形，长 2~2.7 厘米，宽 6~10 毫米；唇瓣近卵状长圆形，宽 1.7~2.5 厘米，不明显 3 裂；中裂片较大，外弯，边缘略波状；唇盘上具 2 条纵褶片；蕊柱长 1.2~1.5 厘米。花期 10 月至翌年 3 月。

生境与分布

生于海拔 300~2000 米的林下、灌木林中或溪谷旁湿润但排水良好的荫蔽处。分布安徽、江西、福建、台湾、广东、海南、广西、四川、贵州、云南。

拓展知识

花卉市场上墨兰的花多为紫褐色，较多为暗色，但偶有黄绿色或者桃红色品种。墨兰开花之际，常见苞片基部有蜜腺，分泌晶莹花蜜，这时花期刚好跨过中国传统春节，别名“报岁兰”。

咏唱墨兰的古诗有不少，明初诗人唐珙有首《墨兰》的作品：“瑶阶梦结翠宜男，误堕仙人紫玉簪。鹤帐有春留不得，碧云扶影下湘南。”

植株

深圳拟兰

科属：兰科拟兰属

***Apostasia shenzhenica* Z. J. Liu et L. J. Chen**

形态特征

地生兰，草本。根状茎长并具细根，细根上具卵球形块根。茎纤细，长 8~12 厘米。叶 7~10 枚或更多，卵状或卵状披针形，长 1.6~3.2 厘米，宽 0.6~1.2 厘米。圆锥花序从茎顶端发出，斜向下生长，长约 1~2.2 厘米，具花 4~9 朵；花浅绿黄色，不开放，直径 2~2.5 毫米；萼片 3 枚，相似，狭椭圆形，长 5.6~6 毫米，宽 1.3~1.4 毫米；花瓣 3，近长圆形，长 5.8~6 毫米，宽 1.4~1.5 毫米；合蕊柱圆柱形，长 1~1.2 毫米。花期 5~6 月。

生境与分布

生于海拔约 200 米的竹木混交的常绿阔叶林土壤深厚的斜坡上。分布广东（深圳、河源等地）。

拓展知识

拟兰属 *Apostasia*[(希腊语)apostasia 叛离]，是指外形与兰相似。

深圳市成立只有几十年的时间，以深圳这个地方命名的植物并不多，主要有深圳拟兰、深圳香荚兰 *Vanilla shenzhenica* Z. J. Liu et S. C. Chen、深圳耳草 *Hedyotis shenzhenensis* Tao Chen、深圳槭 *Acer shenzhenensis* R. H. Miao ex X. M. Wang et J. S. Liang 等几种。2011 年，国家兰科中心刘仲健教授科研团队在深圳梧桐山上发现了一种拟兰属新物种，以“深圳”作为它的种加词，命名为“深圳拟兰”。深圳拟兰是一个自花受精的物种，它的发现为兰科植物进化研究提供了很好的实验材料。

花

植株

多花脆兰

Acampe rigida **(Buch.-Ham. ex J. E. Sm.) P. F. Hunt**

别名：蕉兰

科属：兰科脆兰属

花

蒴果

形态特征

附生兰，草本，植株高50~150厘米。茎粗壮，近直立，不分枝。叶二列，近肉质，狭矩圆形，长17~40厘米，宽3.5~5厘米。总状花序腋生，具多花；花黄色带紫褐色横纹，不甚开展，具香气；萼片和花瓣近直立；萼片长圆形，长10~12毫米，宽5~6毫米，先端钝；花瓣狭倒卵形，长8~9毫米，宽3~4毫米；唇瓣白色，厚肉质，3裂；侧裂片与中裂片垂直，近方形，内面具紫褐色纵条纹；中裂片肉质，近直立，内面和背面基部具少数紫褐色横纹；距圆锥形，长约3毫米；蕊柱两侧紫红色，粗短，长约2.5毫米。花期8~9月。

生境与分布

生于林中树干上或林下岩石上。分布广东、香港、澳门、海南、广西、贵州、云南。

拓展知识

兰科植物中，大部分为虫媒的自交亲和类型，也存在着少数自交不亲和类型，而多花脆兰却是依靠雨媒传粉的自交亲和的例子。西双版纳植物园的科研人员发现，多花脆兰进化出了适应雨水传粉的花部特征：花序直立，花朵交叉排列，向上开放；花瓣肉质、厚实有弹性；具有特殊的合蕊柱结构等。这些特征使得它在雨滴打击下，能够将花粉团翻绕270度，穿过蕊喙，直接落入柱头窝，完成自花授粉。多花脆兰的蒴果圆柱形，近直立，排列形状如一把香蕉，因此，别名也叫“蕉兰”。喜生长在低海拔山区溪流沿岸的岩壁或大树上等光照良好的地方，常见庞大群落聚集于岩石一处。

植株

金线兰

***Anoectochilus roxburghii* (Wall.) Lindl.**

别名：花叶开唇兰

科属：兰科金线兰属

植株

叶

花

形态特征

地生兰，草本，植株高10~20厘米。根状茎匍匐，伸长，肉质，具节。叶2~5枚，卵圆形或卵形，长1.2~3.5厘米，宽0.8~3厘米，急尖，上面暗紫色或黑紫色，有金黄色的脉网，背面带淡紫红色。总状花序具2~6朵花；萼片淡红褐色，被毛；花瓣白色，唇瓣在上方，“Y”字形，白色，具6~8条流苏；蕊柱短，长约2.5毫米。花期8~12月。

生境与分布

生于常绿阔叶林下或沟谷阴湿处。分布广东、香港、广西、海南、福建、江西、浙江、云南、四川。

拓展知识

金线兰叶面暗紫色或黑紫色，具有金黄色脉网，纵横交错，非常美丽，因而得名“金线兰”。

全草入药。茎叶含丰富脂质、维生素C及矿物质，能增强人体抵抗力，具有滋补养生的功效。但由于过分夸大其药用价值，野生金线兰常被不法分子过度挖掘及贩卖，导致其数量锐减，令人痛惜。最近几年，随着人工组培技术普及，已有大量人工种植金线兰以满足巨大的市场需求，有效减少了对野生金线兰的伤害。

植株

无叶兰

Aphyllorchis montana Rchb. f.

科属：兰科无叶兰属

形态特征

腐生兰，草本，植株高43~70厘米。肉质根状茎直立，无绿叶，下部具多枚抱茎的鞘，上部具数枚鳞片状的不育苞片。总状花序，疏生数朵至10余朵花；花黄色或黄褐色；中萼片舟状，长圆形，长9~11毫米，宽3~4毫米；侧萼片稍短且不为舟状；花瓣较短而质薄，近长圆形；唇瓣长7~9毫米，在下部接近基部处缢缩而形成上下唇；蕊柱长7~10毫米，稍弯曲。花期7~9月。

生境与分布

生于海拔700~1500米的林下或疏林下。分布台湾、海南、广西、云南、广东。

拓展知识

无叶兰属 *Aphyllorchis* [(希腊语)a无 + phyllon叶 +(属)*orchis*兰属]，是指本属植物无叶。

无叶兰是腐生兰，根部横长在地下面，呈圆柱形状，平时埋藏在地下，无法觉察。到了夏末秋初，人们看到它的时候，已经是花序状态了，但无叶子，不知道它是什么时候从土里冒出来的花莛，也不知道什么时候地面上的植株完成了生长周期，一切都似乎在悄悄进行。

它们通常生长在潮湿阴暗环境，分布零星，每个地点只有小种群，寥寥几株，若要遇见它们，只能碰运气了。

花

植株

牛齿兰

***Appendicula cornuta* Bl.**

科属：兰科牛齿兰属

花

形态特征

附生兰，草本。茎丛生，近圆柱形，长 20~50 厘米。叶二列互生，斜出，与茎交成 45 度，狭卵状椭圆形或近长圆形，长 2.5~3.5 厘米，宽 6~12 毫米。总状花序顶生或侧生，具 2~6 朵花；花小，白色，直径约 5 毫米；中萼片椭圆形，长约 3.5 毫米，宽 1.8~2 毫米，凹陷；侧萼片斜三角形，长 4~5 毫米；萼囊长约 1 毫米；花瓣卵状长圆形，长 2.5~3 毫米，宽约 1.5 毫米；唇瓣近长圆形，长 3.5~4 毫米，宽约 1.5 毫米；蕊柱短。花期 7~8 月。

生境与分布

生于林中岩石上或阴湿石壁上。分布广东、香港、海南、广西、云南。

拓展知识

牛齿兰属 *Appendicula* [(拉丁语)appendix 附属体]，是指花具附属体。

牛齿兰的花极小，白色，在茎的顶端生，2~6 朵聚合开一起，花朵外形跟牛的牙齿形似，因此得名“牛齿兰”。由于花朵非常小，即使用微距镜头摄影，都不容易对焦拍清晰。花苞时候呈现淡黄白色，开放后转变为白色。叶左右互生排列，如梯子层层向上，因此英文名叫“ladder orchid”。牛齿兰具有一定观赏性，即使无花，也不失为一种观叶植物。

植株

竹叶兰

Arundina graminifolia（D. Don）Hochr.

别名：禾叶兰、鸟仔花
科属：兰科竹叶兰属

花

形态特征

地生兰，草本，植株高 40~100 厘米。茎直立，圆柱形，细竹秆状，通常为叶鞘所包，具多枚叶。叶线状披针形，长 8~20 厘米，宽 0.3~2 厘米，薄革质。总状或圆锥状花序，具 2~10 朵花；花粉红色或略带紫色或白色；萼片狭椭圆形，长 2.5~4 厘米，宽 0.7~0.9 厘米；花瓣椭圆形，与萼片等长，宽 1.3~1.5 厘米；唇瓣轮廓近长圆状卵形，长 2.5~4 厘米，3 裂；中裂片长 1~1.4 厘米；唇盘上有 3~5 条褶片；蕊柱稍向前弯，长 2~2.5 厘米。花期 9~11 月。

生境与分布

生于草坡、溪谷旁、灌丛下或林中。分布我国长江以南地区。

拓展知识

竹叶兰属 *Arundina* [(拉丁语)arundo 芦苇]，是指茎秆细长似芦苇。

竹叶兰茎如细竹秆状，叶片狭长似竹叶，因此得名"竹叶兰"。竹叶兰不太挑剔生长环境，只要稍微靠近水源即可。开花期间，分泌花蜜，如露珠般挂在花梗上，引来蚂蚁等吸食。花凋谢后，常有几株小苗从叶腋处长出，小苗成熟后会脱落母株，落地生根。它除了种子繁殖之外，还有无性繁殖的本领，所以子孙繁荣，随处可见。竹叶兰花色秀丽清新，深受人们喜欢。在东南亚许多国家如印度尼西亚、马来西亚、泰国等，人们常用竹叶兰当作围篱植物种植，除了具有简单绿篱作用，还能给庭院家居增添景致，愉悦心情。

植株

广东石豆兰

Bulbophyllum kwangtungense **Schltr.**

科属：兰科石豆兰属

植株

形态特征

附生兰，草本。假鳞茎直立，圆柱状，长 1~2.5 厘米，直径 2~5 毫米，顶生 1 枚叶，幼时被膜质鞘。叶革质，长圆形，长 2.5~4.7 厘米，宽 0.5~1.4 厘米。花葶 1 个，从假鳞茎基部或靠近假鳞茎基部的根状茎节上发出，直立，纤细，远高出叶外，长达 9.5 厘米；总状花序缩短呈伞状，具 2~7 朵花；花淡黄色；萼片离生，狭披针形，长 8~10 毫米；花瓣狭卵状披针形，长 4~5 毫米；唇瓣肉质，狭披针形，长约 1.5 毫米；蕊柱长约 0.5 毫米。花期 5~8 月。

生境与分布

生于山坡林下岩石上。分布浙江、福建、江西、湖北、湖南、广东、香港、广西、贵州、云南。模式标本采自广东罗浮山。

拓展知识

石豆兰属 *Bulbophyllum* [(希腊语)bulbos 球茎 +phyllon 叶]，是指叶生于假鳞茎的顶端。

石豆兰属 *Bulbophyllum* 植物作为药用的记载最早出现在唐朝《新修本草》中“今荆襄及汉中、江左又有二种：一者似大麦，累累相连，头生一叶而性冷；一种大如雀髀，生酒渍服，乃言胜干者。亦如麦斛，叶在茎端。”根据《湖北植物志》记载有上述形态的兰科植物，可能就是石豆兰属和石仙桃属 *Pholidota* Lindl.。广东石豆兰主治风热咽痛、肺热咳嗽、阴虚内热等。近年来在相关研究中发现，该种含有乙酸乙酯和正丁醇的部位作药用，具有一定的杀伤肿瘤细胞的作用。

植株

芳香石豆兰

Bulbophyllum ambrosia **(Hance) Schltr.**

科属：兰科石豆兰属

花

形态特征

附生兰，草本。根状茎直径 2~3 毫米，被覆瓦状鳞片状鞘。假鳞茎圆柱形，长 2~6 厘米，直径 3~8 毫米，顶生 1 枚叶。叶革质，长圆形，长 3.5~13 厘米，宽 1.2~2.2 厘米。花葶出自假鳞茎基部，顶生 1 朵花；花淡黄色带紫色，具浓香气；中萼片近长圆形，长约 1 厘米，宽 5~7 毫米；侧萼片斜卵状三角形，与中萼片近等长，中部以上偏侧而扭曲呈喙状，基部贴生于蕊柱足而形成宽钝的萼囊，具 5 条脉；花瓣卵状三角形，长 6~7 毫米，宽 3~4 毫米；唇瓣近卵形，边缘稍波状，上面具 1~2 条肉质褶片；蕊柱粗短。花期 2~5 月。

生境与分布

生于山地林中树干上或岩石上。分布福建、广东、海南、香港、广西、云南。

拓展知识

英国植物学家 Ridley 在 1890 年观察到有趣的现象，当传粉昆虫落到芳香石豆兰的唇瓣上时，由于昆虫的重力作用导致唇瓣向下运动，唇瓣反弹将传粉昆虫掷向合蕊柱。

芳香石豆兰每年正常开花，但却不结果。为了揭开这个谜团，有关专业人士做了研究，发现同株开花植物中，中华蜜蜂是有效传粉者，却不结果；然而，来自于不同地点花粉授粉的异交中，结果率却高达 90% 以上，这说明了芳香石豆兰是自交不亲和但异交亲和物种。此外，它还具有非常强的克隆生长能力，同一个地点的植株可能都是同一个克隆个体。

植株

密花石豆兰

Bulbophyllum odoratissimum **(Sm.) Lindl. ex Wall.**

别名：香石豆兰

科属：兰科石豆兰属

形态特征

附生兰，草本。根状茎细长，直径约 2 毫米。假鳞茎近圆柱形，长 2.5~4 厘米，直径 3~6 毫米，顶生 1 枚叶。叶狭矩圆形，长 4~11 厘米，宽 0.8~1.8 厘米，顶端微凹。总状花序缩短呈伞状，密集 10 朵花以上；花稍有香气；花苞片卵状披针形，淡白色；萼片白色，披针形，向顶端渐尖，中上部边缘上卷呈圆筒状，顶端钝；中萼片长 6~8 毫米；侧萼片比中萼片长；花瓣白色，卵圆形，长约 1.2 毫米，顶端钝；唇瓣橘红色，肉质，近舌状，边缘具细齿；蕊柱粗短，长约 1 毫米。花期 4~8 月。

生境与分布

附生于海拔 200~2300 米的混交林中树干上或山谷岩石上。分布福建、广东、香港、广西、四川、云南、西藏。

拓展知识

密花石豆兰多群生聚集，附生在岩石上，平素不太起眼。花期时，十几朵花聚生在同一个花序上，犹如一个个白色花球，蔚为壮观。俯身细细闻嗅，还有淡淡的花清香，沁人肺腑。花朵初开时候是白色，质地较薄，晶莹剔透，过了一段时间，色彩会渐变成橘黄色，最后凋零。

花

植株

瘤唇卷瓣兰

***Bulbophyllum japonicum* (Makino) Makino**

别名：日本卷瓣兰、日本红花石豆兰

科属：兰科石豆兰属

花

形态特征

附生兰，草本。根状茎纤细，直径约 1.2 毫米。假鳞茎卵球形，长 5~10 毫米，直径 3~5 毫米，顶生 1 枚叶。叶革质，长圆形，长 3~4.5 厘米，宽 5~8 毫米。花莛从假鳞茎基部抽出，通常高出叶外，长 2~3 厘米；伞形花序常具 2~4 朵花；花紫红色；中萼片卵状椭圆形，长约 3 毫米；侧萼片披针形，长 5~6 毫米；花瓣近匙形，长 2 毫米，宽 1.5 毫米，具 3 条脉；唇瓣肉质，舌状，向外下弯，长约 2 毫米；蕊柱长约 1.5 毫米。花期 6 月。

生境与分布

生于山地阔叶林中树干上或沟谷阴湿岩石上。分布福建、台湾、湖南、广东、广西。模式标本采自日本。

拓展知识

瘤唇卷瓣兰的命名人 Makino（全名 Makino Tomitaro 牧野富太郎，1862—1957）是日本有名的植物分类学家，出生于高知县，足迹遍布日本各地，收集了约 40 万份标本，为 1500 多种植物命名。瘤唇卷瓣兰和斑唇卷瓣兰 *Bulbophyllum pecten-veneris* (Gagnep.) Seidenf. 可谓同属中的"姐妹花"，但花朵显得低调平实多了，其侧萼片长度仅为后者的 1/10，没有后者艳丽、夸张飞扬。

植株

斑唇卷瓣兰

Bulbophyllum pecten-veneris **(Gagnep.) Seidenf.**

别名：毛边卷瓣兰、黄花卷瓣兰

科属：兰科石豆兰属

形态特征

附生兰，草本。具纤细的根状茎。假鳞茎卵球形，长5~12毫米，直径5~10毫米，顶生1枚叶。叶厚革质，椭圆形或长圆状披针形，长1~6厘米，宽0.7~2厘米。花葶直立，长约10厘米；伞形花序具3~9朵花；花黄绿色或黄褐色；中萼片卵形，长约5毫米，宽约2.5毫米，先端急尖为细尾状，边缘具流苏状缘毛；侧萼片狭披针形，长3.5~5厘米，宽约2.5毫米，先端长尾状；花瓣斜卵形，长2.5~3毫米，宽约1.5毫米，先端急尖，边缘具流苏状缘毛；唇瓣肉质，舌状，向外下弯，长2.5毫米，先端近急尖；蕊柱长2毫米。花期4~9月。

生境与分布

生于海拔1000米以下的山地林中树干上或林下岩石上。分布安徽、福建、台湾、广东、湖北、香港、海南、广西。

拓展知识

斑唇卷瓣兰的种加词*pectenveneris*意为“维纳斯的梳子”(维纳斯，希腊神话中爱和美的女神)，是指每个花序上有4~5朵花并排盛开，形如梳子。它的花形奇特，中萼片和花瓣较短，仅长0.3~0.5厘米，边缘都布满流苏状缘毛；而2枚侧萼片却长尾状飘逸而出，长可达5厘米，长度几乎是中萼片的10倍，比例悬殊之大，实属少见。花色亦多变，初开淡黄绿色，后变为橘黄色。如此奇特且艳丽之物，被称为“维纳斯的梳子”，得此美誉，一点也不为过。

花

植株

棒距虾脊兰

科属：兰科虾脊兰属

Calanthe clavata Lindl.

花

形态特征

地生兰，草本。根状茎粗壮，直径达 1 厘米。假鳞茎短，完全为叶鞘所包。叶 2~3 枚，狭椭圆形，长达 65 厘米，宽 4~10 厘米。花葶 1~2 个，侧生，直立，长达 40 厘米；总状花序具多花；花黄色；萼片椭圆形至矩形，长 12 毫米，宽 4~6 毫米；花瓣倒卵状椭圆形至椭圆形，长 10 毫米，宽 5 毫米；唇瓣基部近截形，与整个蕊柱翅合生，3 裂；侧裂片耳状或近卵状三角形，直立；中裂片近圆形，长 4 毫米，宽 5~5.5 毫米；距棒状；蕊柱长约 7 毫米。花期 11~12 月。

生境与分布

生于山地密林下或山谷岩边。分布福建、广东、海南、广西、云南、西藏。

拓展知识

虾脊兰属 *Calanthe* [(希腊语)kalos 美丽的 +anthos 花]，是指花美丽。

棒距虾脊兰的花距棒状，稍带弯曲，整个距长度 9 毫米，中部较细，而末端膨胀，末端直径达 3.5 毫米，明显大于中部。此外，相比同属其他种，本种花朵数量极多，一株花葶上的花朵数量可多达 50 多朵，实属高产。

植株

钩距虾脊兰

Calanthe graciliflora Hayata

别名：纤花根节兰、细花根节兰

科属：兰科虾脊兰属

形态特征

地生兰，草本。假鳞茎短，近卵球形，直径约 2 厘米，包藏于叶鞘内。假茎长 5~18 厘米，直径约 1.5 厘米。叶 3~4 枚，先花后叶，叶椭圆形或椭圆状披针形，长达 33 厘米，宽 5.5~10 厘米。花莛发自叶腋，长达 70 厘米，密被短毛；总状花序长达 32 厘米，疏生多数花；萼片和花瓣在背面褐色，内面淡黄色；花瓣倒卵状披针形，长 9~13 毫米，宽 3~4 毫米，无毛；唇瓣浅白色，3 裂；唇盘上具 4 个褐色斑点和 3 条平行的龙骨状脊；蕊柱长约 4 毫米。花期 3~5 月。

生境与分布

生于山谷溪边、林下等阴湿处。分布安徽、浙江、江西、台湾、湖北、湖南、广东、香港、广西、四川、贵州、云南。

拓展知识

钩距虾脊兰形如其名，花距圆筒形，长 10~13 毫米，常钩曲，末端变狭。多为单株花莛，亭亭玉立，长约 70 厘米，高度适中。花朵疏生在茎上，疏落有致，韵味十足，观赏性高。

本种生长地海拔跨度大，可从最低海拔 250 米到最高海拔 1500 米，但多集中在 800~1000 米的中海拔。在湖北西南部广泛分布，在宜昌五峰土家族自治县的山里小路边，几步即可见一株，密度非常大。本种植物具有止咳润肺、散瘀消肿的功效，常被当地土家族人采挖来当作草药使用。

花

植株

黄兰

Cephalantheropsis obcordata (Lindl.) Ormerod

科属：兰科黄兰属

形态特征

地生兰，草本，植株高达 1 米。茎直立，圆柱形，长达 60 厘米，具多节。叶 5~8 枚，互生于茎上部，纸质，长圆形或长圆状披针形，长达 35 厘米，宽 4~8 厘米。花莛 2~3 个，直立，长达 60 厘米；花青绿色或黄绿色，伸展；萼片和花瓣反折；中萼片和侧萼片相似，椭圆状披针形，长 9~11 毫米，宽 3.5~4 毫米；花瓣卵状椭圆形，长 8~10 毫米，宽 3.5~4 毫米；唇瓣近长圆形，中部以上 3 裂，中部以下稍凹陷，无距；侧裂片围抱蕊柱，近三角形；中裂片近肾形，先端有凹缺并具 1 个细尖，边缘强烈皱波状，上面具 2 条黄色的褶片，褶片之间具许多橘红色的小泡状颗粒；蕊柱长 3~5 毫米。花期 9~12 月。

生境与分布

生于海拔约 450 米的密林下。分布福建、台湾、广东、香港、海南。

拓展知识

黄兰属 *Cephalantheropsis*[Cephalan 头蕊兰属 +thera 花序 +opsis 相似]，是指外观似头蕊兰。

黄兰多喜欢生长在密林下含丰富腐殖质的潮湿土里，叶片婆娑宽阔，植株高达 1 米，非花期的时候，容易令人以为它是姜科植物。一进入秋季，它以迅雷不及掩耳之势，“嗖嗖”冒出花箭，开出黄灿灿的花。然而，它的花期刚好跟紫纹兜兰 *Paphiopedilum purpuratum* (Lindl.) Stein 的花期撞上了，二者经常混生一起，紫纹兜兰的花姿艳压黄兰，自然吸引无数人眼光，而冷落了同期开花的黄兰，真是有一种“既生瑜，何生亮”的感觉。

花

植株

琉球叉柱兰

Cheirostylis liukiuensis Masamune

别名：琉球指柱兰、墨绿指柱兰

科属：兰科叉柱兰属

形态特征

地生兰，草本，植株高5~9厘米。根状茎匍匐，肉质，具节，呈莲藕状，紫褐色。茎直立，肉质，带褐色，无毛，具3~4枚叶。叶卵形至卵状圆形，长2~3厘米，宽1~2厘米，无毛，上面呈有光泽的暗灰绿色，背面带红色。总状花序具5~9朵花；花瓣白色，斜长圆形至倒披针形，长4~4.5毫米，宽0.7~2毫米；唇瓣白色，2裂，裂片边缘撕裂状；蕊柱短，具2枚长臂状附属物；蕊喙直立，深2裂呈叉状；柱头2。花期1~2月。

生境与分布

生于海拔200~800米的山坡树林下或竹林内。分布台湾、广东。

拓展知识

叉柱兰属 *Cheirostylis* [(希腊语)cheir 手 +stylos 柱]，是指花柱指状叉开，在台湾叫指“柱兰属”。

琉球叉柱兰植株不高，5~9厘米。根茎匍匐地面，饱满肉质，紫褐色，圆柱形，节节相连，有几分莲藕之形似。茎不开叉，身姿挺拔。花序在茎顶开放；唇瓣2裂，裂片的边沿撕裂状，像白色裙摆，仔细端详，亦有几分风韵。

花

植株

大序隔距兰

Cleisostoma paniculatum (Ker-Gawl.) Garay

别名：虎皮隔距兰、虎纹兰

科属：兰科隔距兰属

花

形态特征

附生兰，草本。茎直立，扁圆柱形，长达 20 余厘米，有气生根，有时分枝。叶革质，二列互生，扁平，狭长圆形，长 10~25 厘米，宽 0.8~2 厘米，先端钝且不等侧 2 裂。圆锥花序具多数花；花开展，萼片和花瓣在背面黄绿色，内面紫褐色，边缘和中肋黄色；中萼片近长圆形，长 4.5 毫米，宽 2 毫米，先端钝；侧萼片斜长圆形，约等大于中萼片；花瓣比萼片稍小；唇瓣黄色，3 裂；距黄色，圆筒状，长约 4.5 毫米；蕊柱粗短。花期 5~9 月。

生境与分布

生于海拔 240~1240 米的常绿阔叶林中树干上或沟谷林下岩石上。分布江西、福建、台湾、广东、香港、海南、广西、四川、贵州、云南。

拓展知识

隔距兰属 *Cleisostoma* [(希腊语)kleio 封密 +stoma 口]，是指唇瓣基部的凸起与距后壁上的胼胝相连接，因而封闭距的入口。

初花期时，唇瓣与距的颜色是黄绿色，到后面盛花期时，都变为正黄色，而花瓣始终保持不变。花朵和距能分泌花蜜，吸引昆虫来访花授粉，是典型的有报酬的传粉机制，温度越高，昆虫访花次数亦越多。大序隔距兰普遍生长在低海拔次生林中游人常可到之处，因其观赏价值及药用价值，其野生资源常遭到破坏，种群数量日益减少。

植株

广东隔距兰

Cleisostoma simondii (Gagnep.) Seidenf. var. *guangdongense* Z. H. Tsi

别名：柱叶隔距兰

科属：兰科隔距兰属

花

形态特征

附生兰，草本。叶肉质，深绿色，细圆柱形，长 8~11.5 厘米，宽 2~4 毫米。总状花序，具多数花；花近肉质，黄绿色带紫红色脉纹；萼片和花瓣稍反折，具 3 脉。花期 5~12 月。

生境与分布

常生于海拔 500~600 米的常绿阔叶林中树干上或林下岩石上。分布福建、广东、香港、海南。模式标本采自海南。

拓展知识

广东隔距兰是毛柱隔距兰 *Cleisostoma simondii* (Gagnep.) Seidenf. 的变种。它常附生在树干上，很多经过的人看到后都会说："它是寄生在树上吧？"其实，这是错误的看法，因为它并没有从树干上掠夺养分，只是附生在树干上，站在"巨人"肩膀上，吸收更多的阳光和雨露而已，同时，这种附生更利于种子随风传播，飞扬远去。广东隔距兰有圆柱状的叶，以减少水分的蒸发，跟其他具有假鳞茎的兰花有异曲同工之妙，都懂节流之道。

辟蹊有路依稀到云露
業门万有通
便是东风难着力自能
春在有无中
宋陆放翁诗一首
庚子春月 钟瑞华于广州

流苏贝母兰

Coelogyne fimbriata Lindl.

植株

流苏贝母兰
Coelogyne fimbriata Lindl.

科属：兰科贝母兰属

形态特征

附生兰，草本。假鳞茎卵形，长 0.8~4 厘米，顶生 2 枚叶。叶矩圆状披针形，长 5~12 厘米，宽 0. 8~2.8 厘米。花序从假鳞茎顶部发出，常 1~2 朵花；花淡黄色；花瓣狭线形，和萼片近等长，长 1.5~1.8 厘米，宽 0.8~1 毫米；唇瓣卵形，黄色或具红褐色条纹，长 1.5~1.9 厘米，3 裂；中裂片近圆形，上具红褐色斑点，边缘具流苏；唇盘上常具 2 条纵褶片；蕊柱长 1~1.3 厘米。花期 8~10 月。

生境与分布

生于林缘树干上或溪谷旁荫蔽岩石上。分布江西、广东、香港、广西、云南、西藏。

拓展知识

贝母兰属 *Coelogyne*[(希腊语)koelos 空的 + gyne 妇人]，是指雄蕊凹陷。

流苏贝母兰的中裂片边缘有一排像睫毛状的流苏，名字中的“流苏”来源于雄蕊凹陷处，花朵色彩艳丽，引人注目。每每秋末，山野草木萧条，应季野花极少，能在此刻看到流苏贝母兰的美丽姿容，亦算是乐事一桩。

花

植株

剑叶石斛

科属：兰科石斛属

Dendrobium spatella **H. G. Reichenbach**

形态特征

附生兰，草本。茎直立，近木质，扁三棱形，不分枝。叶二列，斜立，厚革质，两侧压扁呈短剑状或匕首状，长 25~40 毫米，宽 4~6 毫米，先端急尖。花序侧生于无叶的茎上部，具 1~2 朵花；花小，白色；中萼片近卵形，长 3~5 毫米，宽 1.6~2 毫米；侧萼片斜卵状三角形；花瓣长圆形，与中萼片等长而较窄，先端圆钝；唇瓣白色带微红色，近匙形，长 8~10 毫米，宽 4~6 毫米；唇盘中央具 3~5 条纵贯的脊突；蕊柱短。花期 3~9 月。

生境与分布

生于海拔 260~270 米的山地林缘树干上和林下岩石上。分布福建、广东、香港、海南、广西、云南。

拓展知识

剑叶石斛的叶二列，斜立，厚革质，两侧压扁呈短剑状或匕首状，因此得名“剑叶石斛”，此类以叶形命名的还有刀叶石斛 *Dendrobium terminale* Par. et Rchb. f.。

剑叶石斛并不是石斛属里面的主流石斛。其花小，颜色也不出众，没法跟金钗石斛 *Dendrobium nobile* Lindl.、束花石斛 *Dendrobium chrysanthum* Wall.ex Lindl. 之类比花美，名气也不像铁皮石斛 *Dendrobium officinale* Kimura et Migo 那样响当当，总体来说，它的叶片观赏性更甚于花。

花

植株

钩状石斛

Dendrobium aduncum Wall ex Lindl.

科属：兰科石斛属

花

形态特征

附生兰，草本。茎下垂，圆柱形，分枝，具多节。叶长圆形或狭椭圆形，长 7~10.5 厘米，宽 1~3.5 厘米，先端急尖并且钩转。总状花序，疏生 1~6 朵花；萼片和花瓣淡粉红色；中萼片长圆状披针形，长 1.6~2 厘米，宽 7 毫米，先端锐尖；侧萼片斜卵状三角形，具 5 条脉；萼囊明显坛状，长约 1 厘米；花瓣长圆形，长 1.4~1.8 厘米，宽 7 毫米，先端急尖，具 5 条脉；唇瓣白色，朝上，凹陷呈舟状，展开时为宽卵形，长 1.5~1.7 厘米；蕊柱白色，长 4 毫米。花期 5~6 月。

生境与分布

生于山地林中树干上。分布湖南、广东、香港、海南、广西、贵州、云南。

拓展知识

钩状石斛的唇瓣前部骤然收狭，先端为短尾状并且反卷，形如钩子，侧面观看此特征更加明显；蕊柱顶端有 2 个血红色斑块，特征明显。

本种与重唇石斛 *Dendrobium hercoglossum* Rchb. f. 的主要区别在于：唇瓣从后部沿中央至前部密布短毛；蕊柱足较长；萼囊明显；蕊柱齿大、耳状。

植株

重唇石斛

***Dendrobium hercoglossum* Rchb. f.**

别名：网脉唇石斛

科属：兰科石斛属

花

形态特征

附生兰，草本。茎下垂，圆柱形，长 8~40 厘米。叶薄革质，狭长圆形，长 4~10 厘米，宽 4~14 毫米。总状花序生茎顶端，常具 2~3 朵花；花开展，萼片和花瓣淡粉红色；中萼片卵状长圆形，长 1.3~1.8 厘米，宽 5~8 毫米，先端急尖；侧萼片稍斜卵状披针形，与中萼片等大，先端渐尖；萼囊很短；花瓣倒卵状长圆形，长 1.2~1.5 厘米，宽 4.5~7 毫米，先端锐尖；唇瓣白色，直立，长约 1 厘米，分前后唇；后唇半球形，前端密生短流苏，内面密生短毛；前唇三角形，先端急尖，无毛；蕊柱白色，长约 4 毫米；药帽紫色，半球形。花期 5~6 月。

生境与分布

生于海拔 590~1260 米的山地密林中树干上或山谷湿润岩石上。分布安徽、江西、湖南、广东、海南、广西、贵州、云南。

拓展知识

重唇石斛顾名思义，唇瓣分前后唇，后唇半球形，密生短毛；前唇三角形，无毛。整体花朵外形跟钩状石斛比较相似。花是植物的生殖器官，花的构造、形式、香味、颜色是植物和传粉昆虫多年并行演化的结果，跟传粉密切相关。重唇石斛花朵的表皮结构非常有利于蜜蜂的采蜜活动，其传粉昆虫主要活动部位的蕊柱表皮密布绒毛。

植株

铁皮石斛

***Dendrobium officinale* Kimura et Migo**

别名：黑节草、云南铁皮

科属：兰科石斛属

花

形态特征

附生兰，草本。茎直立，圆柱形，不分枝，具多节。叶 3~5 枚，二列，纸质，长圆状披针形，长 3~7 厘米，宽 9~15 毫米。总状花序具 2~3 朵花；萼片和花瓣黄绿色，近相似，长圆状披针形，长约 1.8 厘米，宽 4~5 毫米，先端锐尖；唇瓣白色，基部具 1 枚绿黄色的胼胝体，卵状披针形，中部反折，先端急尖，不裂或不明显 3 裂，中部以下两侧具紫红色条纹，边缘多少波状；唇盘密布细乳突状的毛，中部以上具 1 个紫红色斑块；蕊柱长约 3 毫米。花期 3~6 月。

生境与分布

生于山地半阴湿的岩石上。分布安徽、浙江、福建、广东、广西、四川、云南。

拓展知识

唐代医学经典《道藏》曾经把铁皮石斛列为“中华九大仙草”之一，一直成为皇室御用贡品。虽然“仙草”一词有夸张成分，但其确实能入药，有清热退烧之功效，加工后名为“西枫斗”。因其药用价值较高，野生铁皮石斛常遭人采挖，加上森林遭破坏、生境与分布恶化等因素，野生资源面临枯竭局面。应当大力提倡使用人工栽培的铁皮石斛以满足市场需求，杜绝使用野生资源，确保野生铁皮石斛的生长繁衍。

植株

蛇舌兰

Diploprora championii **(Lindl.) Hook. f.**

别名：船唇兰、倒吊兰

科属：兰科蛇舌兰属

形态特征

附生兰，草本。茎硬，常下垂，长3~18厘米或更长，不分枝。叶纸质，镰状披针形，长4~12厘米，宽1.4~2.7厘米。总状花序，具花2~6朵；萼片和花瓣淡黄色；花具香气；萼片相似，长圆形，长0.8~1.1厘米，宽0.4~0.5厘米；花瓣长圆形，长0.7~0.8厘米，宽约0.3厘米；唇瓣白色带玫瑰色，中部以下凹陷呈舟形，无距，长0.8~0.9厘米，宽约0.3厘米，3浅裂；侧裂片直立，近方形；中裂片较长，向先端骤然收狭并且叉状2裂，其裂片尾状，上面中央具1条肥厚的脊突。花期2~8月。

生境与分布

生于海拔250~1450米的山地林中树干上或沟谷岩石上。分布台湾、福建、广东、香港、海南、广西、云南。

拓展知识

蛇舌兰属 *Diploprora*[(希腊语)diploos 二倍的 +prora 前端]，是指花朵的中裂片的先端2裂。

本种的中裂片向先端骤然收狭，并且蛇叉状分叉，如猛蛇盘踞巨石，吐信示威，恐吓进侵者的样子，因此得名“蛇舌兰”。

花

植株

单叶厚唇兰

Epigeneium fargesii (Finet) Gagnep.

别名：小攀龙、三星石斛

科属：兰科厚唇兰属

形态特征

附生兰，草本。根状茎匍匐，直径2~3毫米，密被栗色筒状鞘。假鳞茎斜立，近卵形，长约1厘米，直径3~5毫米，顶生1枚叶。叶厚革质，卵形，长1~2.3厘米，宽7~11毫米。花单生；萼片和花瓣淡粉红色；中萼片卵形，长约1厘米，宽6毫米；侧萼片斜卵状披针形，长约1.5厘米，宽6毫米；花瓣卵状披针形；唇瓣几乎白色，小提琴状，长约2厘米；唇盘具2条纵向的龙骨脊；蕊柱长约5毫米。花期4~5月。

生境与分布

生于海拔400~2400米的沟谷岩石上或山地林中树干上。分布安徽、浙江、江西、福建、台湾、湖北、湖南、广东、广西、四川、云南。别名“三星石斛”，是1916年首先在台湾宜兰县三星乡发现的，当时被认为是石斛的一种。

拓展知识

厚唇兰属 *Epigeneium* [(希腊语)epi 在上面 +genos 生育]，是指茎匍匐在地上。

单叶厚唇兰植株极矮，每个鳞茎顶上生1枚叶。群落匍匐附生在沟谷岩石上或树干上，多与青苔为伴，根系吸附能力强，素有“小攀龙”的美称。湖北宜昌当地土家族常用它来作草药，用于治疗跌打损伤、腰肌劳损、骨折等症。

植株

半柱毛兰

Eria corneri Rchb. f.

别名：黄绒兰、干氏毛兰

科属：兰科毛兰属

花

形态特征

附生兰，草本。假鳞茎密集，卵状长圆形，长 2~5 厘米，直径 1~2.5 厘米，顶端具 2~3 枚叶。叶椭圆状披针形，长 15~45 厘米，宽 1.5~6 厘米。总状花序具 10 余朵花；花白色或略带黄色；中萼片卵状三角形，长约 10 毫米，宽约 2 毫米，先端渐尖；侧萼片镰状三角形，长近 10 毫米，宽约 5 毫米，先端圆钝并具小尖头，基部与蕊柱足形成萼囊；花瓣线状披针形，宽仅 1.2 毫米；唇瓣轮廓为卵形，3 裂，长近 10 毫米，宽 6 毫米，有淡紫色斑；侧裂片半圆形，先端圆，近直立；中裂片卵状三角形，长 3~3.5 毫米，宽约 2 毫米。花期 8~9 月。

生境与分布

生于海拔 500~1500 米的林中树上或林下岩石上。分布福建、台湾、海南、广东、香港、广西、贵州、云南。

拓展知识

半柱毛兰的唇瓣 3 裂，唇盘上面具 3 条波状褶片；中裂片上密集分布着浅紫色的流苏状褶片，如年轻女人点了红唇，有“万绿丛中一点红”之势，凑近细闻，有股淡淡的花香。它的蕊柱半圆柱形，因此得名“半柱毛兰”。

植株

小毛兰

Eria sinica (Lindl.) Lindl.

科属：兰科毛兰属

生境

形态特征

附生兰，草本，植株矮小。假鳞茎近球形，直径3~6毫米，覆盖网格状膜质鞘，顶端具2~3枚叶。叶倒披针形、倒卵形或近圆形，长0.5~1.4厘米，宽3~4毫米，先端圆钝。花葶生于假鳞茎顶端，长约5毫米；总状花序，具1~2朵花；花小，白色或淡黄色；中萼片卵状披针形，长约4毫米，宽近1.5毫米；侧萼片卵状三角形，稍偏斜，长近4.5毫米，基部宽约2毫米，先端渐尖，与蕊柱足合生成萼囊；花瓣披针形，长近4毫米，宽约1毫米；唇瓣近椭圆形，不裂，长约3.5毫米，宽约1.5毫米，前半部边缘具不整齐锯齿，有3条不等长的线纹；蕊柱长仅1毫米。花期10~11月。

生境与分布

生于林中，常与苔藓混生在石上或树干上。分布广东、香港、海南。模式标本采自香港。

拓展知识

小毛兰可谓是真的小，植株高度仅仅1~2厘米，混着苔藓，紧紧贴生在岩石上，露出碧绿晶莹的球形假鳞茎，叶片得到源源不断的养分供应。一旦攒够力气，花葶会毫不犹豫蹿出，以骄傲的姿态绽放出淡黄色的小花，满地铺开，繁衍种族。清代诗人袁枚在《苔》中写道："白日不到处，青春恰自来。苔花如米小，也学牡丹开。"这正是小毛兰的写照。

对茎毛兰

Eria pusilla **(Griff.) Lindl.**

科属：兰科毛兰属

植株

形态特征

附生兰，草本，植株矮小，高2~3厘米。假鳞茎近半球形，直径3~5毫米。叶2~3枚，从对生的假鳞茎之间发出，倒卵状披针形、倒卵形或近椭圆形，长7~10毫米，宽2~4毫米，先端骤然收狭而成长1~1.5毫米的芒。花序从叶内侧发出，长1~1.5厘米，具1~2朵花；中萼片卵形，长约6毫米，先端渐尖；侧萼片三角形，长约6毫米，先端渐尖；花瓣与中萼片近相似，但较窄；唇瓣披针形，不裂，基部收狭，先端渐尖，边缘具细缘毛；唇盘上具2条线纹，延伸至近中部；蕊柱足与唇瓣几近等长，稍弯曲。花期10~11月。

生境与分布

生于海拔600~1500米的密林中阴湿岩石上。分布福建、香港、广东、广西、云南、西藏。

拓展知识

因假鳞茎对生而得名“对茎毛兰”。本种与小毛兰十分接近，《Flora of China》（简称FOC）把这两个种合并叫“蛤兰”，但是形态上还是有区别的。

对茎毛兰假鳞茎对生，根状茎明显；叶脉第一对侧脉在先端处与中脉连接而不同，叶尾尖较长；唇瓣前部边缘锯齿不明显。小毛兰假鳞茎非对生，且有网状膜；叶尾尖较短；唇瓣前部边缘锯齿不整齐，较明显。

美冠兰
Eulophia graminea Lindl.

科属：兰科美冠兰属

植株

花

形态特征

地生兰，草本。假鳞茎卵球形、圆锥形或近球形，长 3~7 厘米，直径 2~4 厘米，上部露出地面，有时多个假鳞茎聚生呈簇团。叶 3~5 枚，在花后生，线状披针形，长 13~35 厘米，宽 0.7~1 厘米。总状花序直立，常有 1~2 个侧分枝，疏生多数花；花橄榄绿色；唇瓣白色而具淡紫红色褶片；萼片倒披针状线形，长 1.1~1.3 厘米，宽 1.5~2 毫米；花瓣近狭卵形，长 9~10 毫米，宽 2.5~3 毫米；唇瓣近倒卵形，长 9~10 毫米，3 裂；侧裂片较小；中裂片近圆形；唇盘上有 3~5 条纵褶片，褶片分裂成流苏状；蕊柱长 4~5 毫米。花期 4~5 月。

生境与分布

生于疏林中草地上、山坡阳处。分布安徽、台湾、广东、香港、海南、广西、贵州、云南。

拓展知识

美冠兰属 *Eulophia*[（希腊语）eu 佳美 +lophos 鸡冠]，是指唇瓣龙骨状凸起。

美冠兰没有迷人的花色和芬芳，跟线柱兰 *Zeuxine strateumatica* (L.) Schltr. 一样在贫瘠土壤上随意生长着，与杂草为邻。倘如扒开草丛，可以看到它们裸露或浅埋在泥土中的假鳞茎，硕大粗壮，即使部分受损，第二年仍然能从假鳞茎上抽出花莛来，生命力极强。美冠兰因朴素无华的外表而避开了被挖的灾难，反而能安全地生长着，或许这是对它最好的结果，正如古语道：“塞翁失马，祸福未知”。

植株

无叶美冠兰

***Eulophia zollingeri* (Rchb. f.) J. J. Smith**

科属：兰科美冠兰属

形态特征

腐生兰，草本，无绿叶。地下假鳞茎块状，近长圆形，长 3~8 厘米，直径 1.5~2 厘米。花莛粗壮，褐红色，高 40~80 厘米；总状花序疏生数朵至 10 余朵花；花褐黄色；中萼片椭圆状长圆形，长 1.5~1.8 毫米，宽 4~7 毫米，先端渐尖；侧萼片近长圆形，明显长于中萼片，稍斜歪；花瓣倒卵形，长 1.1~1.4 厘米，宽 5~7 毫米，先端具短尖；唇瓣近倒卵形，长 1.4~1.5 厘米，3 裂；侧裂片近卵形；中裂片卵形，长 4~5 毫米，宽 3~4 毫米；唇盘中央有 2 条近半圆形的褶片；基部的圆锥形囊长约 2 毫米；蕊柱长约 5 毫米。花期 4~6 月。

生境与分布

生于海拔 400~500 米的疏林下、竹林或草坡上。分布江西、福建、台湾、广东、广西、云南。

拓展知识

无叶美冠兰的传粉机制属于食源性欺骗传粉机制。其花朵左右对称，是蜂类昆虫能区分并倾向于选择访问的类型，在中午强烈阳光直射下能挥发出香甜气味，部分膜翅目昆虫会利用花朵气味来准确定位。唇瓣具大面积明亮的黄色蜜导，吸引传粉昆虫前来，但却无蜜或脂类物质分泌，传粉昆虫在整个传粉过程中未获得报酬。

花

植株

地宝兰
Geodorum densiflorum (Lam.) Schltr.

别名：密花地宝兰、垂头地宝兰
科属：兰科地宝兰属

花

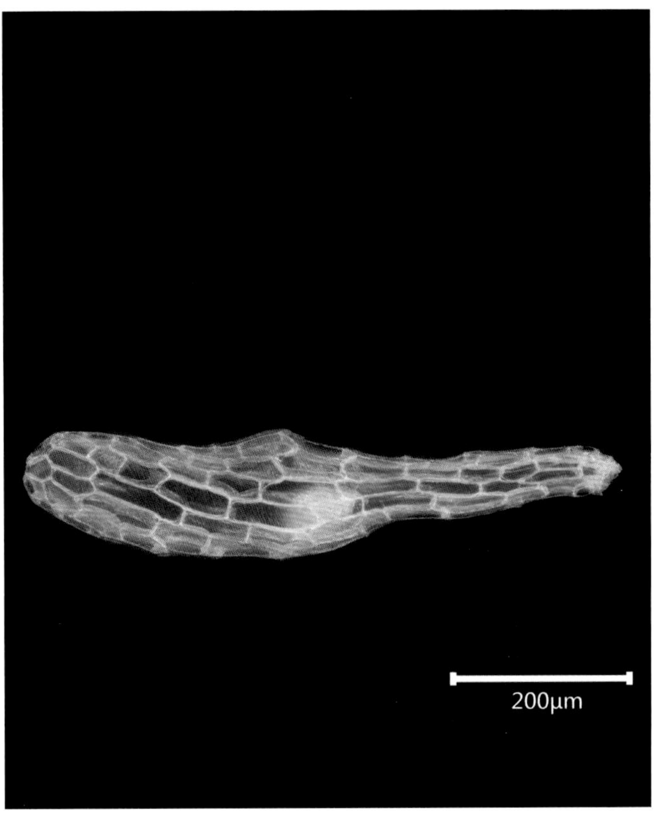

种子

形态特征

地生兰，草本，植株高 30~50 厘米。假鳞茎块茎状，直径 1.5~2 厘米。叶 2~3 枚，椭圆形、狭椭圆形或长圆状披针形，长 16~29 厘米，宽 2~7 厘米。总状花序俯垂，长 2.5~3 厘米，具 2~5 朵花；花不展开，白色至淡紫红色；萼片长圆形，长约 1 厘米，宽 3~4 毫米；侧萼片略斜歪；花瓣近倒卵状长圆形，宽约 5 毫米；唇瓣宽卵状长圆形，长约 1 厘米，宽约 9 毫米；唇盘中央有 1~2 条肥厚的纵脊；蕊柱长约 3 毫米。花期 6~7 月。

生境与分布

生于海拔 1500 米以下的林下、溪旁、草坡。分布台湾、广东、香港、海南、广西、四川、贵州、云南。

拓展知识

地宝兰属 *Geodorum* [(希腊语)ge 土地 +doron 礼物]，是形容来自于土地的礼物的意思。

地宝兰是一种很有开发价值的野生兰，具有绿化、美化、药用等多种用途。随着现代生物技术的发展，以组织培养为主要手段的生物技术逐步应用到地宝兰的繁殖过程中，从而促进地宝兰的工厂化生产以提高其经济价值。有一些不法分子把地宝兰的块茎冒充兰科药用植物白及 *Bletilla striata* (Thunb. ex A. Murray) Rchb. f. 的块茎，进行牟利，不仅扰乱中药材市场，而且影响中医用药的安全性与有效性。

本种是一个变异很大的广布种。唇瓣上的附属物的变化尤其明显，甚至在同一个植株中也有不同。

植株

斑叶兰

Goodyera schlechtendaliana Rchb. f.

别名：大斑叶兰、偏花斑叶兰

科属：兰科斑叶兰属

形态特征

地生兰，草本，植株高15~35厘米。茎直立，具4~6枚叶。叶卵形或卵状披针形，长3~8厘米，宽0.8~2.5厘米，上面绿色，具白色不规则的点状斑纹。花茎直立，长10~28厘米，被长柔毛；总状花序具几朵至20余朵花，疏生，近偏向一侧；花较小，白色或带粉红色，半张开；中萼片狭椭圆状披针形，长7~10毫米，宽3~3.5毫米，舟状，与花瓣黏合呈兜状；侧萼片卵状披针形，长7~9毫米，宽3.5~4毫米；花瓣菱状倒披针形，长7~10毫米，宽2.5~3毫米；唇瓣卵形，长6~8.5毫米，宽3~4毫米，内面具多数腺毛，前部舌状，略向下弯；蕊柱短，长3毫米。花期8~10月。

生境与分布

生于海拔500~2800米的山坡或沟谷阔叶林下。分布山西、陕西、甘肃、江苏、安徽、浙江、江西、福建、台湾、河南、湖北、湖南、广东、海南、广西、四川、贵州、云南、西藏。

拓展知识

斑叶兰属 *Goodyera* R. Br. 是 Robert Brown 为纪念17世纪的英国植物学家 John Goodyer(1592—1664) 于1813年建立的。本属部分种类的叶片上具有不规则的斑点或色条，花多为白色，螺旋状排列或偏向一边，可以分泌花蜜，结实率比较高。斑叶兰分布广，叶片形态和斑纹变化也大，即使同一个地方，叶片长度可有从3厘米卵状到8厘米卵状披针形的变化，非花期鉴定比较困难，但是花部性状稳定。

花

植株

高斑叶兰
Goodyera procera **(Ker-Gawl.) Hook.**

别名：穗花斑叶兰
科属：兰科斑叶兰属

花

形态特征

地生兰，草本，植株高22~80厘米。根状茎短而粗，具节。茎直立，无毛，具6~8枚叶。叶长圆形或狭椭圆形，长7~15厘米，宽2~5.5厘米。总状花序具多数密生的小花，似穗状，长10~15厘米；花小，白色带淡绿色，芳香；萼片卵形，有绿色晕；花瓣匙形，白色，长3~3.5毫米，宽1~1.2毫米，与中萼片靠合成盔；唇瓣卵形，有褐色斑，长2.2~2.5毫米，宽1.5~1.7毫米，前端反卷；蕊柱短而宽，长2毫米。花期4~5月。

生境与分布

生于海拔250~1550米的林下。分布安徽、浙江、福建、台湾、广东、香港、海南、广西、四川、贵州、云南、西藏。

拓展知识

清代吴其濬所著《植物名实图考》共载录植物1714种。其中，所载录的"石凤丹"来源于兰科植物高斑叶兰的干燥全草，其味苦，气味腥，性辛、温，具祛风除湿、润肺止咳、止血的功效。本种多生于山谷水源附近，根系经常与水接触，几乎算是半水生植物。其总状花序似穗状，花白色，极小，不起眼，有淡淡的清香。

植株

多叶斑叶兰

***Goodyera foliosa* (Lindl.) Benth. ex C. B. Clarke**

别名：厚唇斑叶兰、高岭斑叶兰

科属：兰科斑叶兰属

花

形态特征

地生兰，草本，植株高 15~25 厘米。根状茎匍匐，具节。茎直立，长 9~17 厘米，具 4~6 枚叶。叶卵形至长圆形，偏斜，长 2.5~7 厘米，宽 1.6~2.5 厘米；总状花序具密生而常偏向一侧的花；花白绿色或近白色；萼片狭卵形，凹陷，长 5~8 毫米，宽 3.5~4 毫米；花瓣斜菱形，长 5~8 毫米，宽 3.5~4 毫米，先端钝；唇瓣长 6~8 毫米，宽 3.5~4.5 毫米，基部凹陷呈囊状并被毛；蕊柱长 3 毫米。花期 7~9 月。

生境与分布

生于海拔 300~1500 米的林下或沟谷阴湿处。分布福建、台湾、广东、广西、四川、云南、西藏。

拓展知识

多叶斑叶兰系一广布种，花序梗的长短、花的颜色和大小因生境与分布的不同而变异较大。整体来说，多叶斑叶兰花序上花朵都是面向光亮的一侧着生，花朵不太张开，颜色以白色为主，有的微泛红晕，有的颜色较深，带明显红褐色。胡秀英等（1976) 发表产于香港的新变种 *Goodyera foliosa*（Lindl.）Hook. f. var. *alba* S. Y. Hu et Barretto（白花多叶斑叶兰）与本种的区别主要在于：花为白色；花瓣具爪，长 10~12 毫米，宽 6 毫米；唇瓣基部囊状、圆形；蕊喙 2 裂，匙形尾状。

植株

歌绿斑叶兰
***Goodyera seikoomontana* Yamamoto**

别名：歌绿怀兰、新港山斑叶兰
科属：兰科斑叶兰属

花

形态特征

地生兰，草本，植株高15~18厘米。茎直立，绿色，具3~5枚叶。叶厚革质，椭圆形，长4~6厘米，宽2~2.5厘米，具3条脉。总状花序具1~3朵花；花较大，绿色，张开，无毛；中萼片卵形，凹陷，长1.5~1.6厘米，宽5~7毫米，与花瓣黏合呈兜状；侧萼片向后伸张，椭圆形，长1.5~1.6厘米，宽5~6.5毫米；花瓣为偏斜的菱形，长1.5~1.6厘米，宽5~5.5毫米；唇瓣卵形，长1.2~1.3厘米，基部凹陷呈囊状，内面白色具密的腺毛，前部三角状卵形，向下反卷；蕊柱短，长3~4毫米。花期2月。

生境与分布

生于林下。分布台湾、广东、广西、香港。模式标本采自中国台湾。

拓展知识

歌绿斑叶兰的命名人是日本占据中国台湾时的植物学家山本由松（Yamamoto Yoshimatsu，1893—1947年），日本福井县人，著有《续台湾植物图谱》五卷、《兰印植物纪行》《海南岛植物志料》《台湾植物概论》等。歌绿斑叶兰在台湾被叫作“歌绿怀兰”，一直以来都被认为是台湾特有种，但后来在中国华南沿海几个省陆续发现；而香港斑叶兰 *Goodyera youngsayei* S. Y. Hu et Barretto 也同样被认为是香港特有种，在《中国植物志》中，香港斑叶兰被处理为独立种，但在《香港植物名录》中，将其并入歌绿斑叶兰。

植株

绿花斑叶兰

Goodyera viridiflora (Bl.) Bl.

别名：鸟喙斑叶兰

科属：兰科斑叶兰属

植株

花

形态特征

地生兰，草本，植株高13~20厘米。茎直立，绿色，具2~5枚叶。叶偏斜卵形，长1.5~6厘米，宽1~3厘米。总状花序具2~5朵花；花较大，绿色，张开，无毛；萼片椭圆形，绿色，先端淡红褐色，长1.25~1.5厘米，宽5~6毫米；中萼片凹陷，与花瓣黏合呈兜状；侧萼片向后伸展；花瓣为偏斜的菱形，白色，先端带褐色，长1.25~1.5厘米，宽4.5~6.5毫米；唇瓣卵形，舟状，长1.2~1.4厘米，宽8~11毫米；蕊柱短，长4毫米。花期8~9月。

生境与分布

生于海拔300~2600米的林下、沟边阴湿处。分布江西、福建、台湾、广东、海南、香港、云南。

拓展知识

《中国植物志》对绿花斑叶兰的产地描述中并无浙江省。2009年8月，浙江温州公园管理处的吴棣飞在浙江台州划岩山进行植物考察过程中发现了绿花斑叶兰，标本保存于杭州师范大学标本馆。经考证，此为该种在浙江分布的新记录。

植株

小小斑叶兰

科属：兰科斑叶兰属

***Goodyera yangmeishanensis* T. P. Lin**

花

形态特征

地生兰，草本，植株高3~8厘米。茎直立，红褐色，具3~5枚疏生的叶。叶卵形至椭圆形，长1.5~2.6厘米，宽0.9~1.6厘米，绿色，上面具白色由均匀细脉连接成的网脉纹，偶尔中肋处整个呈白色。花茎长约4厘米，具12朵密生的花；花小，红褐色，微张开，多偏向一侧；萼片背面无毛，先端钝，具1脉；中萼片椭圆形，凹陷，长3.8毫米，宽2.5毫米，红褐色，与花瓣黏合呈兜状；侧萼片斜卵形，长4.5毫米，宽2.8毫米，淡红褐色；花瓣斜菱状倒披针形，长3毫米，宽1毫米，白色；唇瓣肉质，长4毫米，宽4毫米，凹陷呈深囊状，内面具腺毛；蕊柱短。花期7~9月。

生境与分布

生于海拔约1000米的林下阴湿处。分布广东、湖南、台湾。模式标本采自台湾苗栗县杨梅山。

拓展知识

小小斑叶兰命名人为台湾学者林赞标，于1972年发现，1975年发表该种。其叶面上具白色由均匀细脉连接成的网脉纹，若非花期，光凭叶子辨认，几乎会跟金线兰混淆，二者接近以假乱真的程度。当然，花开后会发现它们截然不同。

植株

鹅毛玉凤花

***Habenaria dentata* (Sw.) Schltr.**

别名：齿玉凤兰、白凤兰

科属：兰科玉凤花属

花

形态特征

地生兰，草本，高35~60厘米。块茎卵形或矩圆形，肉质。叶3~5枚，散生，近矩圆形，渐尖。总状花序具3~17朵花；花白色；萼片近卵形，急尖，长10~13毫米，宽5~5.5毫米，边缘有睫毛；中萼片直立，和花瓣靠合成兜；侧萼片斜卵形，反折；花瓣不裂，较小，狭披针形，边缘具睫毛；唇瓣长，几为萼片的2倍，3裂；侧裂片宽，外侧边缘之前有细裂齿；中裂片条形，全缘，近等长；距长达4厘米，上半部白色，下半部绿色，弯曲；柱头2裂。花期8~10月。

生境与分布

生于海拔190~1700米的山坡林下或路旁、沟边草丛中，喜阳。分布于长江流域及以南各地区。

拓展知识

玉凤花属 *Habenaria* [（拉丁语）habena 韁]，是指某些种的花距如带形。

鹅毛玉凤花唇瓣3裂，侧裂片2枚，左右皆有锯齿状的白色流苏，中裂片如下肢，整个形态极像翩翩起舞的天鹅，飘逸轻盈，令人喜欢。其名中的“鹅毛”比喻像鹅的绒毛一样轻微的东西，成语有“鹅毛大雪”。元代文人吕止庵 在《集贤宾·叹世》套曲中写道：“到冬来，落琼花阵阵飘，剪鹅毛片片飞。”以此形容鹅毛玉凤花的花朵洁白如雪。

植株

细裂玉凤花

Habenaria leptoloba **Benth.**

别名：天使兰、仙子兰

科属：兰科玉凤花属

形态特征

地生兰，草本，植株高15~31厘米。茎较细长，直立，圆柱形，具5~6枚叶。叶披针形，长6~15厘米，宽1~1.8厘米。总状花序具8~12朵花；花小，淡黄绿色；萼片淡绿色；中萼片宽卵形，凹陷呈舟状，长3毫米，宽2.8毫米；侧萼片斜卵状披针形，长4.5毫米，宽2毫米，张开或向后反曲；花瓣带白绿色，直立，斜卵形，凹陷，长3.8毫米，宽2毫米；唇瓣黄色，较长，基部3深裂，裂片线形；距细圆筒状，下垂或弯曲，长0.8~1厘米。花期7~9月。

生境与分布

生于海拔约200米的山坡林下阴湿处或草地。分布广东、香港。模式标本采自香港。

拓展知识

细裂玉凤花的唇瓣3深裂，3裂片细长，2枚侧裂片各长6~6.5毫米，中裂片长4~5毫米，因此得名“细裂玉凤花”。细裂玉凤花的第一次采集时间为1857年，后来在香港仍陆续有发现，但时隔150年后才在广东首次发现。2007年9月，深圳市兰科植物保护研究中心陈利君等在广东省惠州市新墟镇白云嶂进行植物学考察时，在一个斜坡上的一片次生阔叶林的潮湿林缘，发现了细裂玉凤花，此为广东发现新记录。

花

多畫春風不值錢，一枝青玉半枝妍。山中旭日林中鳥，銜出相思二月天。

清鄭板橋詩一首

庚子三月鐘瑞華於廣州

橙黄玉凤花

Habenaria rhodocheila Hance

橙黄玉凤花

Habenaria rhodocheila **Hance**

别名：红人兰、红唇玉凤花

科属：兰科玉凤花属

形态特征

地生兰，草本，植株高8~35厘米。块茎长圆形，长2~3厘米，直径1~2厘米。茎直立，下部具4~6枚叶，上具1~3枚苞片状小叶。叶线状披针形至近长圆形，长10~15厘米，宽1.5~2厘米。总状花序具花2至10余朵；萼片和花瓣绿色；中萼片直立，近圆形，凹陷，长约9毫米，宽约8毫米，与花瓣靠合呈兜状；侧萼片长圆形，长9~10毫米，宽约5毫米，反折；花瓣直立，匙状线形，长约8毫米，宽约2毫米；唇瓣卵形，橙黄色，4裂，长1.8~2厘米，最宽处约1.5厘米；侧裂片长圆形，长约7毫米，宽约5毫米，先端钝，开展；中裂片2裂，裂片近半卵形，长约4毫米，宽约3毫米，先端为斜截形；距细圆筒状，下垂。花期7~8月。

生境与分布

生于海拔300~1500米的山坡或沟谷林下阴处地上或岩石上覆土中。分布江西、福建、湖南、广东、香港、海南、广西、贵州。模式标本采自广东。

拓展知识

玉凤花属 *Habenaria* Willd. 植物的花多为绿色及白色，像橙黄玉凤花这样具有鲜艳橙黄色花朵的并不多。它的花距长2~3厘米，下垂；唇瓣4裂，酷似飞机的一对前翼和一对尾翼。当一丛橙黄玉凤花同时开放时，仿佛是一架架加足马力、准备冲上云霄的战斗机。

植株

全唇盂兰

***Lecanorchis nigricans* Honda**

别名：全唇皿柱兰、紫皿柱兰

科属：兰科盂兰属

植株

形态特征

腐生兰，草本，植株高25~40厘米。茎直立，常分枝，无绿叶。总状花序顶生，具数朵花；花淡紫色；花被下方的浅杯状物（副萼）很小；萼片狭倒披针形，长1~1.6厘米，宽1.5~2.5毫米；侧萼片略斜歪；花瓣倒披针状线形；唇瓣亦为狭倒披针形，不与蕊柱合生，不分裂，与萼片近等长，上面多少具毛；蕊柱细长，白色，长6~10毫米。花期不定，主要见于夏、秋。

生境与分布

生于林下阴湿处。分布福建、广东、台湾。模式标本采自日本。

拓展知识

全唇盂兰的种加词 *nigricans* 是拉丁语“在变黑”的意思。本种为腐生兰，无叶绿素，不进行光合作用，是从死亡的有机体上吸取营养物质维持生存的非绿色植物。因为生长在常绿阔叶林下，植株无绿叶，而且花小、淡紫色，茎暗褐色，像一株枯萎了的植物，一般人很难注意到它。盂兰属这个名字，跟日本盂兰盆节（鬼节）没有半点关系，盂兰盆节里的“盂兰”，是梵语，意思为“倒悬”，形容极苦厄之状，佛教里认为人死后堕落于三恶道中，极其痛苦，就像被倒悬一样。

植株

见血青

***Liparis nervosa* (Thunb. ex A. Murray) Lindl.**

别名：脉羊耳蒜、红花羊耳蒜

科属：兰科羊耳蒜属

形态特征

地生兰，草本。茎圆柱状，肉质，有数节，长2~10厘米。叶2~5枚，卵形至卵状椭圆形，长5~16厘米，宽3~8厘米。花葶发自茎顶端，长10~25厘米；总状花序通常具数朵至10余朵花；花紫色；中萼片线形或宽线形，长8~10毫米，宽1.5~2毫米，先端钝，边缘外卷；侧萼片狭卵状长圆形，稍斜歪，长6~7毫米，宽3~3.5毫米；花瓣丝状，长7~8毫米，宽约0.5毫米，亦具3脉；唇瓣长圆状倒卵形，长约6毫米，宽4.5~5毫米，先端截形并微凹，基部具2枚胼胝体；蕊柱较粗壮，长4~5毫米，上部两侧有狭翅。花期2~7月。

生境与分布

生于林下、溪谷旁、草丛阴处或岩石覆土上。分布浙江、江西、福建、台湾、湖南、广东、广西、四川、贵州、云南、西藏。

拓展知识

羊耳蒜属 *Liparis* [（希腊语）liparos 有油光]，是指叶片具光泽。

对于见血青这个名字的由来，有几种说法。第一种说法，民间认为，在新鲜的动物血里放几滴该种植物的汁液，搅拌后立刻变得澄清透明，像一盆清水一般，所以有“见血清”的美名。第二个说法，根据不少中药资料记载，药典上就是如此解释：“此药凉血、解血毒，另可清除体内淤血。”第三个说法，“清”谐音是“青”，“青”有深绿色的意思，跟植株的颜色大体一致。

花

植株

镰翅羊耳蒜
***Liparis bootanensis* Griff.**

别名：不丹羊耳兰、一叶羊耳蒜
科属：兰科羊耳蒜属

花

形态特征

附生兰，草本，植株高10~25厘米。假鳞茎密集，卵状长圆形，长8~30毫米，直径4~8毫米，顶生1枚叶。叶狭长圆状倒披针形，纸质，长5~22厘米，宽5~33毫米。总状花序外弯，长5~12厘米，具数朵至20余朵花；花通常黄绿色，有时稍带褐色，较少近白色；萼片近矩圆形，长3.5~6毫米，宽1.3~1.8毫米；花瓣狭线形，长3.5~6毫米，宽0.4~0.7毫米；唇瓣近宽长圆状倒卵形，长3~6毫米，上部宽2.5~5.5毫米，前缘有不规则细齿；蕊柱长约3毫米。花期8~10月。

生境与分布

生于海拔150~800米的林缘、林中或山谷阴处的树上或岩壁上，在云南海拔可达3100米。分布江西、福建、台湾、广东、海南、广西、四川、贵州、云南、西藏。模式标本采自不丹。

拓展知识

本种的蕊柱顶端两侧具有镰状翅，因此得名“镰翅羊耳蒜”。它的整个开花过程就是花朵色彩的渐变过程，由初开的暗绿色，到盛期的黄绿色，以及到凋零前尾声阶段的橘红色，同株花序轴上可间不同阶段、不同颜色的花，花朵寿命2~3周。

有关学者研究发现，在野外状态下的镰翅羊耳蒜，不论是自交还是异交，其结实率均高于70%，表明其为自交亲和的种类，能自动自花授粉；野生种子活力亦高达86.80%，这就是为什么其在野生种群中具有较多实生苗的主要原因。

广东羊耳蒜

***Liparis kwangtungensis* Schltr.**

科属：兰科羊耳蒜属

形态特征

附生兰，草本，植株高约 6 厘米，较矮小。假鳞茎近卵形，长 5~7 毫米，直径 3~5 毫米，顶端具 1 枚叶。叶近椭圆形，纸质，长 2~5 厘米，宽 7~11 毫米。总状花序，具数朵花；花绿黄色，很小；萼片宽线形，长 4~4.5 毫米，宽 1~1.2 毫米，先端钝；花瓣狭线形，长 3.5~4 毫米，宽约 0.5 毫米；唇瓣倒卵状长圆形，长 4~4.5 毫米，上部宽约 2 毫米；蕊柱长 2.5~3 毫米，稍向前弯曲，上部具翅；翅近披针状三角形，宽约 0.7 毫米，多少下弯而略呈钩状。花期 10 月。

生境与分布

生于林下或溪谷旁岩石上。分布福建西部（连城）、广东南部至东部（罗浮山、梅县等）及四川、云南、贵州、湖南、广西。模式标本采自广东罗浮山。

拓展知识

《中国植物志》出版时间较早，同一物种的分布地记录存在很多遗漏。广东羊耳蒜分布地除了已经记载的福建、广东之外，后面陆续在四川、云南、贵州、湖南、广西等地发现该种的野外群落。

植株

长茎羊耳蒜
***Liparis viridiflora* (Bl.) Lindl.**

别名：绿花羊耳蒜、淡绿羊耳蒜
科属：兰科羊耳蒜属

植株

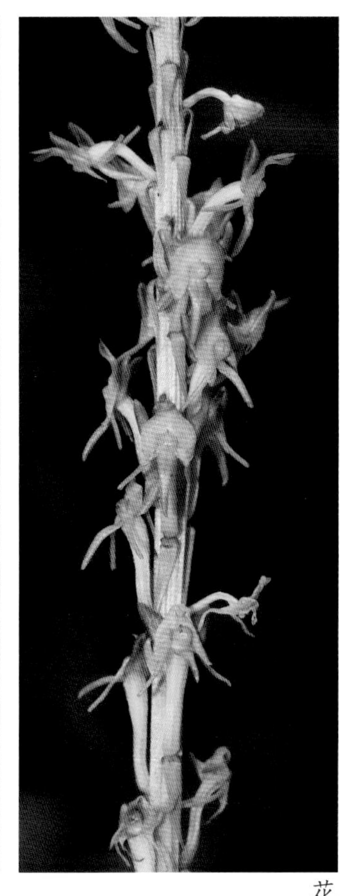
花

形态特征

附生兰，草本，植株高15~35厘米。假鳞茎稍密集，圆柱形，长3~18厘米，直径3~12毫米，顶端具2枚叶。叶线状倒披针形，纸质，长8~25厘米，宽1.2~3厘米。总状花序具数十朵小花；花绿白色或淡绿黄色，较密集；中萼片近椭圆状长圆形，长2~3毫米，宽0.8~1毫米，先端钝，边缘外卷；侧萼片卵状椭圆形；花瓣狭线形，长2~3毫米，宽约0.3毫米；唇瓣近卵状长圆形，长2~3毫米，宽约1.7毫米，先端近急尖或具短尖头，边缘略呈波状；蕊柱长1.5~2毫米。花期9~12月。

生境与分布

生于海拔200~2300米的林中或山谷阴处的树上或岩石上。分布台湾、广东、海南、广西、四川、云南、西藏。

拓展知识

兰科植物是非常典型的菌根植物，自然条件下其种子的成功萌发和早期的生长阶段都依赖独特的菌根共生关系。有研究学者以长茎羊耳蒜为研究对象，用分子手段对采自云南和广西3个不同产地的长茎羊耳蒜进行研究，结果显示：不同产地的长茎羊耳蒜因生境差异，还具有各自独特的菌根真菌区系组成的特异性和多样性。这些菌根真菌的分子鉴定将为该物种进行保育和快速繁殖工作提供重要的理论依据。

植株

海南沼兰

科属：兰科沼兰属

Crepidium hainanense (Tang et F. T. Wang) S. C. Chen et J. J. Wood

形态特征

附生兰，草本。茎肉质，圆柱形，长约2厘米，直径4~5毫米。叶4~5枚，长6~8厘米，宽1.5~2.5厘米。总状花序疏生6~7朵花；花浅黄色；中萼片长圆形，长约3.5毫米，宽约1.2毫米，先端钝；侧萼片近宽长圆形，长约3毫米，宽1.5~1.8毫米，先端钝圆；花瓣狭线形，长约3.5毫米，宽约0.5毫米；唇瓣位于上方，近卵形，长5~6毫米；蕊柱粗短，长约1毫米。花期7~8月。

生境与分布

生于海拔600米的潮湿岩石上。分布海南、广东。模式标本采自海南保亭。

拓展知识

沼兰属 *Malaxis* [(希腊语) malaxis 软化之物]，是指叶片较软。

本种与深裂沼兰（红花沼兰）*Crepidium purpureum* (Lindl.) Szlach. 相似度高，区别点在于本种花梗明显短于子房（非近等长）。

在FOC中，海南沼兰的名称已修订，原名为 *Malaxis hainanensis* T. Tang et F. T. Wang。

植株

植株

深裂沼兰

***Crepidium purpureum* (Lindl.) Szlach.**

别名：红花沼兰

科属：兰科沼兰属

形态特征

地生兰，草本。肉质茎圆柱形，长 2~15 厘米，宽 5~7 毫米。叶通常 3~4 枚，斜卵形，长 8~16.5 厘米，宽 3~5.8 厘米。花莛直立，长 15~25 厘米；总状花序长 7~15 厘米，具花 10~30 朵；花红色，偶见浅黄色，直径 8~10 毫米；中萼片近长圆形，长 4.5~6 毫米，宽约 1.5 毫米；侧萼片宽长圆形，长 3~4.5 毫米，宽 2~2.5 毫米；花瓣狭线形，长 4~5.5 毫米，宽 0.6~0.9 毫米；唇瓣位于上方，整个轮廓近卵状矩圆形；蕊柱粗短，长约 1 毫米。花期 6~7 月。

生境与分布

生于海拔 450~1600 米的林下或灌丛中阴湿处。分布广西、广东、四川、云南。

拓展知识

按照《中国植物志》记录，深裂沼兰在中国的分布记录只有广西、四川、云南这三个省，在实际调查中发现，广东省内有不少地方都有本种的野生记录，包括深圳马峦山、河源紫金县等，都均有采集及标本存放记录。

花

植株

无耳沼兰

Dienia ophrydis **(J. Koenig) Ormerod et Seidenfaden**

别名：阔叶沼兰

科属：兰科无耳沼兰属

花

形态特征

地生兰，草本。肉质茎圆柱形，长 2~10 厘米，具数节，包藏于叶鞘之内。叶通常 4~5 枚，斜卵状椭圆形、卵形或狭椭圆状披针形，长 7~25 厘米，宽 2.5~9 厘米。总状花序长 5~25 厘米，密生多花；花小，紫红色至绿黄色，密集；中萼片狭长圆形，长 3~3.5 毫米，宽 1.1~1.2 毫米；侧萼片斜卵形，长 2~2.5 毫米，宽 1.2~1.4 毫米；花瓣线形，长 2.5~3.2 毫米，宽约 0.7 毫米；唇瓣近宽卵形，凹陷，长约 2 毫米，宽约 2.5 毫米，先端骤然收狭或近 3 裂；中裂片狭卵形，长 0.7~1.1 毫米；侧裂片不明显；蕊柱粗短，长约 1.2 毫米。花期 5~8 月。

生境与分布

生于海拔 2000 米以下的林下、灌丛中或溪谷旁荫蔽处的岩石上。分布福建、台湾、广东、海南、广西、云南。

拓展知识

无耳沼兰多喜欢生长在竹林下面，是典型的竹林内兰花。其叶片非常宽阔，长可达 25 厘米，宽可达 9 厘米，因此得别名“阔叶沼兰”。花莛亦长，高达 60 厘米。花极多但小，紫红色至绿黄色，密密匝匝，从花序底部先开花，逐步向顶部开放，远远看上去如一个二色刷子，上青色下紫色 。本种已经被引入园林栽培种植，可群植作花境，可单植作盆花，观花、观叶皆相宜。

植株

小沼兰

科属：兰科小沼兰属

Oberonioides microtatantha **(Tang et F. T. Wang) Szlach.**

花

生境

形态特征

地生兰，小草本。假鳞茎小，卵形，长3~8毫米，直径2~7毫米，外被白色的薄膜质鞘。叶1枚，卵形至宽卵形，长1~2厘米，宽5~13毫米。总状花序长1~2厘米，通常具10~20朵花；花很小，黄色；中萼片宽卵形至近长圆形，长1~1.2毫米，宽约0.7毫米；侧萼片三角状卵形，大小与中萼片相似；花瓣线状披针形，长约0.8毫米，宽约0.3毫米；唇瓣位于下方，近披针状三角形或舌状，长约0.7毫米，中部宽约0.6毫米，先端近渐尖；蕊柱粗短，长0.3毫米。花期2~4月。

生境与分布

生于海拔200~600米的林下或阴湿处的岩石上。分布江西、福建、广东、台湾。模式标本采自福建龙岩永福。

拓展知识

小沼兰植株极小，仅几厘米高，只有1枚叶。花黄色，更小，即使用微距镜头摄影都很难对焦并把花朵结构拍清晰，属于迷你型的地生兰。多生在阴湿的岩石上，与苔藓共生，一般在人迹罕至、水源充足、植物茂盛的地方才能找到它们。

琴中古曲是幽蘭為我殷勤更弄看欲得
身心俱靜好自彈不及聽人彈
錄白居易詩 鍾瑞華畫并書

紫纹兜兰

Paphiopedilum purpuratum

Lindl. Stein

植株

紫纹兜兰
***Paphiopedilum purpuratum* (Lindl.) Stein**

别名：香港兜兰、香港拖鞋兰
科属：兰科兜兰属

花

形态特征

地生兰，草本。茎具3~8枚基生叶。叶狭椭圆形，长7~18厘米，宽2.3~4.2厘米，上面具深浅绿色相间的网格斑。花莛直立，长12~23厘米，密被短柔毛，顶端生1朵花；中萼片卵状心形，长与宽各2.5~4厘米，具白色而又浓密的紫栗色脉；合萼片卵状披针形，长2~2.8厘米，宽9~13毫米，淡绿色而有深色脉；花瓣近长圆形，长3.5~5厘米，宽1~1.6厘米，紫红色或浅栗色而有深色纵脉纹、绿白色晕和黑色疣点；唇瓣紫栗色，倒盔状，长3.5~4.5厘米，宽2~2.6厘米，囊口宽阔，两侧各具1个直立的耳；退化雄蕊肾状半月形。花期10月至翌年1月。

生境与分布

生于林下腐殖质丰富多石之地、溪谷旁苔藓砾石丛生之地或岩石上。分布广东、香港、广西、云南。模式标本采自香港。

拓展知识

兜兰属 *Paphiopedilum* 中的 pedilum[（希腊语）pedilon 拖鞋]，是指花朵形态似拖鞋。

紫纹兜兰是非常狡猾的，有着众所周知的欺骗性传粉策略。它们不产生花蜜，靠颜色或味道把昆虫吸引过来授粉，但却没有花蜜回馈对方作报酬。当昆虫不小心进入拖鞋状的唇瓣后，唇瓣内壁光滑无法停驻，身上沾满花粉的昆虫只能顺着唇瓣后方的蕊柱那条狭窄的通道口出去，达到授粉的目的，这是植物自身设计的“陷阱”。

植株

长须阔蕊兰

***Peristylus calcaratus* (Rolfe) S. Y. Hu**

别名：猫须兰

科属：兰科阔蕊兰属

花

形态特征

地生兰，草本，植株高 20~50 厘米。块茎长圆形。茎细长，无毛，近基部具 3~4 枚集生的叶。叶椭圆状披针形，长 3~15 厘米，宽 1~3.5 厘米。总状花序；花小，淡黄绿色；中萼片直立，凹陷，宽 1.5~2 毫米；侧萼片伸展，稍偏斜，较中萼片稍狭；花瓣直立伸展，斜卵状长圆形，长 3~5 毫米；唇瓣 3 深裂；中裂片狭长圆状披针形，长 2~3 毫米；侧裂片叉开，丝状，弯曲，长 8~15 毫米；距下垂，棒状，长 4~5 毫米；蕊柱粗短，长 1 毫米。花期 8~10 月。

生境与分布

生于海拔 250~1340 米的山坡草地或林下。分布江苏、江西、浙江、台湾、湖南、广东、香港、广西、云南。模式标本采自广东。

拓展知识

阔蕊兰属 *Peristylus* [(希腊语)peri 在周围 +stylos 柱]，是指花柱宽阔。

本种与触须阔蕊兰 *Peristylus tentaculatus*（Lindl.）J. J. Smith 相近，其主要区别在于：长须阔蕊兰花距为棒状，长 4~5 毫米，与中萼片等长或较长；花期 8~10 月。触须阔蕊兰花距为球形，长 1~2.5 毫米，较萼片短很多；花期 2~4 月。

植株

撕唇阔蕊兰

***Peristylus lacertifer* (Lindl.) J. J. Smith**

别名：青花阔蕊兰、撕唇玉凤花

科属：兰科阔蕊兰属

形态特征

地生兰，草本，植株高18~45厘米。茎长，较粗壮，无毛，茎部常具2~3枚集生的叶。叶长圆状披针形，长5~12厘米，宽1.5~3.5厘米。总状花序；花小，绿白色；萼片卵形，长3~4.5毫米，凹陷呈舟状；中萼片直立，宽约1.8毫米；侧萼片较狭，伸展；花瓣卵形，直立；唇瓣向前伸展，中部以下常向后弯曲，长3~4毫米，基部有1枚胼胝体，从中部3裂；中裂片舌状；侧裂片线形，稍镰状弯曲；距短小，长约1毫米；蕊柱粗短，长约1毫米。花期7~10月。

生境与分布

生于海拔600~1270米的山坡林下、灌丛下或山坡草地向阳处。分布福建、台湾、广东、香港、海南、广西、四川、云南。模式标本采自缅甸的土瓦（Tovog）。

拓展知识

阔蕊兰属*Peristylus* Bl.与玉凤花属二者之间关系在早期一直是纠缠不清，分分合合，合合分分。总体来说，阔蕊兰属的中裂片多为舌状，蕊喙很短，药室平行；而玉凤花属的中裂片多为“十”字形，蕊喙比较长，药室开叉。

花

植株

触须阔蕊兰

***Peristylus tentaculatus* (Lindl.) J. J. Smith**

别名：触须玉凤花

科属：兰科阔蕊兰属

形态特征

地生兰，草本，植株高18~60厘米。茎细长，无毛，基部具2~4枚集生的叶。叶卵状长椭圆形，长4~7.5厘米，宽8~15毫米。总状花序；花小，绿色或黄绿色；萼片长圆形，长约3毫米；中萼片直立，凹陷，宽约1.5毫米；侧萼片伸展，稍偏斜；花瓣斜卵状长圆形，长约3毫米，肉质；唇瓣3深裂；中裂片狭长圆状披针形，长约2毫米，先端钝；侧裂片叉开，与中裂片约成90度的夹角，丝状，弯曲，长可达18毫米；距下垂，球形，长1~2.5毫米；蕊柱粗短，长约1毫米。花期2~4月。

生境与分布

生于海拔150~300米的山坡潮湿地、谷地或荒地上。分布福建、广东、香港、海南、广西。模式标本采自广东。

拓展知识

触须阔蕊兰的种加词*tentaculatus*[（拉丁语）tentaculatus触角状的，具卷须]，是指2枚侧裂片如触角状，其似丝飞舞，可长达18毫米。

本种块茎常被民间当作药用。

花

植株

鹤顶兰

***Phaius tancarvilleae* (L'Hér.) Blume**

别名：红鹤顶兰

科属：兰科鹤顶兰属

花

形态特征

地生兰，草本，植株高1~2米。假鳞茎圆锥形，长4~8厘米，被鞘。叶2~6枚，长圆状披针形，长达70厘米，宽达10厘米。总状花序具10~20朵花；花大，美丽，背面白色，内面暗赭色或棕色；萼片近相似，长圆状披针形，长4~6厘米，宽1厘米；花瓣长圆形，与萼片等长而稍狭；唇瓣贴生于蕊柱基部，背面白色带茄紫色的前端，内面茄紫色带白色条纹，宽3~5厘米，中部以上浅3裂；侧裂片短而圆，围抱蕊柱而使唇瓣呈喇叭状；中裂片近横长圆形，边缘稍波状；唇盘具2条褶片；距细圆柱形，长约1厘米，钩状弯曲；蕊柱长约2厘米。花期3~6月。

生境与分布

生于海拔100~1800米的林缘、沟谷或溪边阴湿处。分布台湾、福建、广东、香港、海南、广西、云南、西藏。

拓展知识

关于鹤顶兰，明代《群芳谱》中有这样的记载："鹤兰，叶大如掌，花似豆落，无香"，此处鹤兰是指花形似鹤，花开时，筒状唇瓣与另5个花被片组合，宛如仙鹤展翅飞翔，有道是"双舞庭中花落处，数声池上月明时"。清·屈大均《广东新语·草语·兰》记载："有鹤顶兰、凤兰、龙兰，皆以花形似名，然不香。鹤顶兰花大，面青绿，背白，蕊红紫，卷成筒形，微似鹤顶，一茎直上，作二十余花，叶甚大。"鹤顶兰在花苞时候处于白色，盛开后里面红褐色便显露出来，整朵花颜色搭配显目。

黄花鹤顶兰

Phaius flavus **(Bl.) Lindl.**

别名：斑叶鹤顶兰、黄鹤顶兰

科属：兰科鹤顶兰属

植株

形态特征

地生兰，草本。假鳞茎卵状圆锥形，长 5~6 厘米，直径 2.5~4 厘米，被鞘。叶 4~6 枚，通常具黄色斑块，长椭圆形，长 25 厘米以上，宽 5~10 厘米，两面无毛。总状花序具数朵至 20 朵花；花柠檬黄色，干后变靛蓝色；中萼片长圆状倒卵形，长 3~4 厘米，宽 8~12 毫米；侧萼片斜长圆形，与中萼片等长，但稍狭；花瓣长圆状倒披针形，约等长于萼片；唇瓣倒卵形，长 2.5 厘米，宽约 2.2 厘米，前端 3 裂；侧裂片近倒卵形，围抱蕊柱，先端圆形；中裂片近圆形，稍反卷，宽约 1.2 厘米，前端边缘褐色并具波状皱褶；唇盘具 3~4 条隆起的褐色脊突；距白色，长 7~8 毫米；蕊柱纤细，长约 2 厘米。花期 4~10 月。

生境与分布

生于海拔 300~2500 米的山坡林下阴湿处。分布福建、台湾、湖南、广东、广西、香港、海南、贵州、四川、云南、西藏。

拓展知识

黄花鹤顶兰的叶子非常有趣，新鲜时候，在叶面具有不规则分散的黄色斑块，乍看之下，似乎病变的样子，其实是健康叶片，因此，别名亦叫“斑叶鹤顶兰”，叶片干燥后还会变成靛蓝色。黄花鹤顶兰花色明黄亮丽，观赏性高，常遭采挖，再加上种子无胚乳，种子需要与真菌共生才能萌发，在自然条件下种子萌发率极低，导致现有数量锐减。现已有试管组织培养幼苗，加快繁殖速度，对本种的保护和开发具有一定的改善作用。

石仙桃

***Pholidota chinensis* Lindl.**

别名：石橄榄

科属：兰科石仙桃属

形态特征

附生兰，草本。根状茎粗壮，匍匐。假鳞茎狭卵状长圆形，肉质，大小变化较大，顶生2枚叶。叶倒卵状椭圆形，长5~22厘米，宽2~6厘米。总状花序下垂；花白色或淡黄色；中萼片椭圆形，长0.7~1厘米，宽4.5~6毫米；侧萼片卵状披针形；花瓣披针形，长0.9~1厘米，宽1.5~2毫米；唇瓣宽卵形，3裂，下半部凹陷成半球形的囊；蕊柱长4~5毫米。花期3~5月。

生境与分布

生于林缘树上、岩壁上或岩石上。分布云南、贵州、广西、广东、香港、福建。

拓展知识

石仙桃的英文名 rattlesnake orchid（响尾蛇兰花），意思是指花期时，它的白色花序刚抽出来，外形酷似响尾蛇的尾巴。

石仙桃在广东常见，假鳞茎似橄榄，多附生于岩石上，故别名“石橄榄”。医书记载可入药，有润肺、镇静功效。其生长海拔不高，且常生长在路边岩石上，极容易被路人发现而遭挖掘，造成极大的野生资源破坏。

植株

植株

细叶石仙桃

Pholidota cantonensis **Rolfe**

别名：广东石仙桃、双叶岩珠

科属：兰科石仙桃属

植株

形态特征

附生兰，草本。根状茎匍匐，被鞘，通常每相距1~3厘米生假鳞茎，疏生根。假鳞茎卵状长圆形，长1~2厘米，宽5~8毫米，顶生2枚叶。叶线状披针形，长2~8厘米，宽5~7毫米，边缘常多少外卷。花莛生于假鳞茎顶端，长3~5厘米；总状花序具10余朵花；花小，白色或淡黄色，直径约4毫米；中萼片卵状长圆形，长3~4毫米，宽约2毫米，多少呈舟状；侧萼片卵形，斜歪，略宽于中萼片；花瓣宽卵状菱形，长、宽各2.8~3.2毫米；唇瓣宽椭圆形，长约3毫米，宽4~5毫米，整个凹陷而呈舟状；蕊柱粗短，长约2毫米。花期2~4月。

生境与分布

生于海拔200~850米的林中或荫蔽处的岩石上。分布浙江、江西、福建、台湾、湖南、香港、广东、广西。模式标本采自广东广州。

拓展知识

石仙桃属 *Pholidota*[(希腊语)pholidos 鳞片 +ous 耳]，是指鳞片状的苞片耳形。

细叶石仙桃的花期比同属植物石仙桃略早，在2月初已经陆续开花。整体植株比较细小，常附生在干涸岩石上，有少许青苔覆盖着根状茎周遭。其花序一串串从叶间长出，花朵细小，花瓣浅黄色，唇瓣黄色，相映生辉。

植株

广东舌唇兰

科属：兰科舌唇兰属

Platanthera guangdongensis **Y. F. Li, L. F. Wu et L. J. Chen**

花

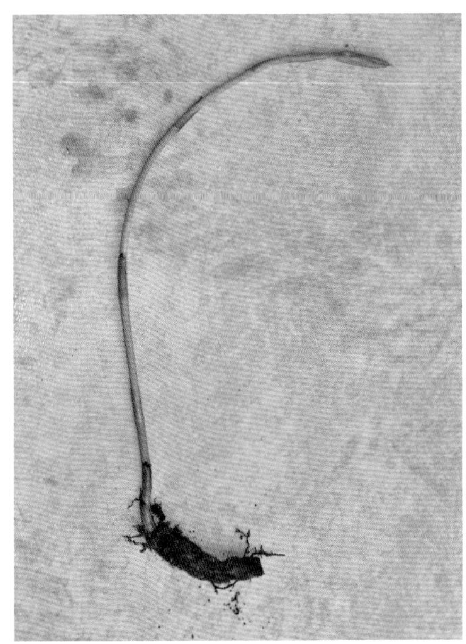

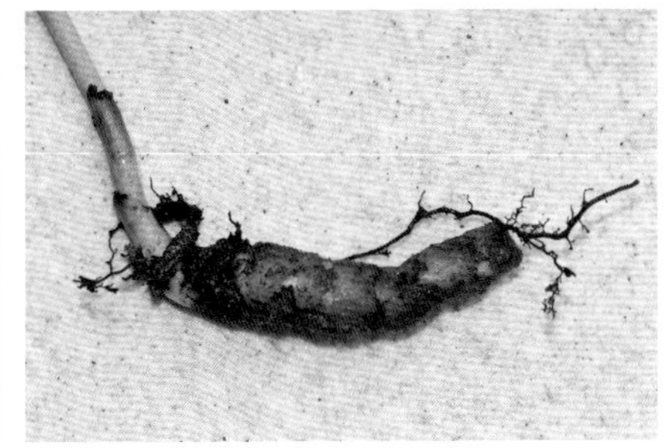

块茎

形态特征

腐生兰，草本，植株高19~22厘米。块茎长圆形，肉质，长1.3~2.5厘米，宽2.5~3.5毫米，具有很多毛状附属物。茎直立，无叶。花黄绿色；萼片与花瓣浅绿色；唇瓣浅绿黄色；距浅绿白色；中萼片卵状椭圆形，长2.1~2.5毫米，宽1.4~1.6毫米；侧萼片为稍歪的长圆形，长4~4.5毫米，宽0.9~1.2毫米；花瓣斜卵状椭圆形，长3.2~3.6毫米，宽1.1~1.3毫米；唇瓣舌状，长4~4.3毫米，宽1.4~1.6毫米；距细圆筒状，下垂，长1~1.2厘米。花期5月。

生境与分布

生于海拔660米的溪谷密林。模式标本采自广东河源紫金县。

拓展知识

广东舌唇兰是由叶钦良、钟智明、李玉峰等广东紫金白溪省级自然保护区科研团队成员发现并命名的新种。本种发现并命名、发表于2018年3月。

广东舌唇兰缺乏叶绿素，亦不需要光合作用，是跟真菌共生的腐生兰。目前仅发现2个居群，每个居群植株总数不超过10株，极为珍贵。

植株

紫金舌唇兰

科属：兰科舌唇兰属

Platanthera zijinensis **Q. L. Ye, Z. M. Zhong et M. H. Li**

形态特征

地生兰，草本，植株高35~45厘米。块茎椭圆形，肉质。茎粗壮，下部具1枚较大的叶，上部具2~3枚苞片状小叶。叶椭圆形，长5~10.5厘米，宽1.2~2.1厘米。总状花序具8~17朵疏生花；花浅黄绿色；花瓣与唇瓣浅黄白色；萼片浅黄色；中萼片直立，卵圆形，长4~5毫米；侧萼片长圆形，长5~5.5毫米，宽2~2.5厘米；花瓣斜卵状椭圆形，长4~5毫米，宽1.7~2.2毫米，与中萼片靠合呈兜状；唇瓣卵状椭圆形，长6~8毫米，宽2.8~3.5毫米；距细圆筒状，向前弯曲，长1.1~1.5厘米。花期6月。

生境与分布

生于海拔550米的山坡路边。模式标本采自广东河源紫金县。

拓展知识

紫金舌唇兰是紫金县历史上第一个以“紫金”命名的植物，是由叶钦良、钟智明、李玉峰等广东紫金白溪省级自然保护区科研团队成员发现并命名的新种。本种发现并命名、发表于2018年3月。目前仅发现1个居群，植株不超过50株。

花

婀娜花姿碧叶长，风来难隐谷中香。
不因纫取堪为佩，纵使无人亦自芳。

清康熙咏兰诗一首

庚子年春月何锦书于凤凰城

独蒜兰

Pleione bulbocodioides (Franch.) Rolfe

生境

独蒜兰

***Pleione bulbocodioides* (Franch.) Rolfe**

别名：一叶兰

科属：兰科独蒜兰属

植株

形态特征

半附生兰，草本。假鳞茎卵形，顶端具 1 枚叶。叶狭椭圆状披针形，长 1~2.5 厘米，宽 1~1.5 厘米。花莛从无叶的老假鳞茎基部发出，顶端具 1~2 朵花；花粉红色至淡紫色；萼片与花瓣倒披针形，长 3.5~5 厘米；唇瓣上有深色斑，宽倒卵形，长 3.5~4.5 厘米，宽 3~4 厘米，不明显 3 裂，上部边缘撕裂状；唇盘通常具有 4~5 条褶片；蕊柱长 3~4 厘米。花期 4~6 月。

生境与分布

生于常绿阔叶林下或灌木林缘腐殖质丰富的土壤上或苔藓覆盖的岩石上。分布安徽、湖北、湖南、广西、广东、贵州、云南、西藏。

拓展知识

野生独蒜兰在广东极为少见，多栖身潮湿布满苔藓的悬崖绝壁上，姿色秀丽，观赏性很高，跟紫纹兜兰可以说是广东野生兰科植物中的“绝代双娇”。

独蒜兰的假鳞茎形如蒜头，因此得名“独蒜兰”。其唇瓣上着生 4~5 条金色条带样的褶片（假蜜导）及深色斑，这些斑块向传粉昆虫传递着一种视觉信号，吸引它们前来访花授粉，但并无花蜜回馈给昆虫，这属于食源性欺骗方式。

植株

小片菱兰

Rhomboda abbreviata (Lindl.) Ormerod

别名：小片齿唇兰、翻唇兰

科属：兰科菱兰属

花

形态特征

地生兰，草本，植株高15~30厘米。叶卵状披针形，长4~8厘米，宽2~3厘米，叶面浅绿色带红色。总状花序疏生8~12朵花，花小，半开放，浅黄褐色；萼片近绿白色；中萼片宽卵形，长2.5~3.5毫米，宽1.5~2毫米；侧萼片卵形，长约4毫米，宽约2.2毫米；唇瓣宽卵形，舟状，长3~3.5毫米，下唇凹陷呈囊状；蕊柱长约2毫米。花期9~10月。

生境与分布

生于海拔250~600米的山地林下和山谷。分布广东、香港、海南、广西、贵州、云南。模式标本采自尼泊尔。

拓展知识

小片菱兰在《中国植物志》第17卷中记录为小片齿唇兰 *Anoectochilus abbreviatus* (Lindl.) Seidenf.，别名“翻唇兰”，归属开唇兰属 *Anoectochilus* Bl.；FOC后进行了学名修订，接受名为 *Rhomboda abbreviata* (Lindl.) Ormerod，中文名亦改为“小片菱兰”，归属于菱兰属 *Rhomboda* Lindl.。

植株

寄树兰

***Robiquetia succisa* (Lindl.) Seidenf. et Garay**

别名：小叶寄树兰、截叶陆宾兰

科属：兰科寄树兰属

形态特征

附生兰，草本。茎坚硬，常下垂，长达 1 米，具气生根。叶二列，长圆形，长 6~12 厘米，宽 1.5~2.5 厘米。圆锥花序密生许多小花，下垂；花不甚开放；萼片和花瓣淡黄绿色，质地较厚；中萼片宽卵形，长 4~5 毫米，宽约 4 毫米；侧萼片斜宽卵形，与中萼片等大；花瓣较小，宽倒卵形；唇瓣白色，3 裂；侧裂片直立，耳状，长约 4 毫米，宽 2 毫米，紫褐色，边缘稍波状；中裂片肉质，狭长圆形，长约 4 毫米，宽 1 毫米，中央具 2 条合生的高脊突；花距黄绿色，长 3~4 毫米；蕊柱长约 3 毫米。花期 6~9 月。

生境与分布

生于疏林中树干上或山崖石壁上。分布福建、广东、香港、海南、广西、云南。模式标本采自香港。

拓展知识

寄树兰的属拉丁名 *Robiquetia*，台湾直译寄树兰为路宾兰。

寄树兰这个名字的由来有点令人费解。如果按字面意思，寄树兰中的“寄树”两字就是附生在树上的意思，可是附生兰中，有很大部分都附生在树上，如广东隔距兰、石仙桃等，为何单单要叫它寄树兰呢？

国家中医药管理局主编的《中华本草》(1999 年)中记载寄树兰的叶片入药，味甘，性平；有润肺、止咳的功效。

花

植株

苞舌兰

Spathoglottis pubescens Lindl.

别名：黄花苞舌兰

科属：兰科苞舌兰属

形态特征

地生兰，草本。假鳞茎扁球形，具1~3枚叶。叶狭披针形，通常长20~30厘米，宽1~4.5厘米。花莛纤细，高达50厘米，被短柔毛；总状花序顶生，疏生2~8朵花；花黄色；萼片椭圆形，长1.2~1.8厘米，宽0.5~0.7厘米；花瓣矩圆形，与萼片等长，宽0.9~1.1厘米；唇瓣3裂；侧裂片镰状矩圆形，直立；中裂片倒卵状楔形，先端近截形并有凹缺；唇盘上具3条纵向龙骨脊，其中央具1条隆起而呈肉质的褶片；蕊柱长8~10毫米。花期7~10月。

生境与分布

生于林缘、山坡路旁。分布浙江、江西、福建、广东、广西、香港、澳门、湖南、四川、贵州、云南。

拓展知识

苞舌兰属 *Spathoglottis*[（希腊语）spathe 窄平的薄片 + glossa 舌]，是指唇瓣舌形。

苞舌兰的叶片狭长，带状，花莛纤细，混在别的植物丛中，一副弱不禁风、我见犹怜的样子，若非花期，跟普通杂草无异。一旦盛开，其鲜艳明亮的黄色花朵，则是"嗖嗖"吸住过路人眼光，亦引来蜂蝶飞舞前来访花采蜜，风流自现。

花

植株

绶草

Spiranthes sinensis **(Pers.) Ames**

别名：盘龙参

科属：兰科绶草属

花

形态特征

地生兰，草本，植株高 13~30 厘米。根肉质，多根，簇生于茎基部。茎较短，近基部生 2~5 枚叶。叶宽线形或宽线状披针形，长 3~10 厘米，宽 5~10 毫米。总状花序；花小，紫红色、粉红色或白色，在花序轴上呈螺旋状排生；萼片的下部靠合；中萼片狭长圆形，舟状，长 4 毫米，宽 1.5 毫米，与花瓣靠合呈兜状；侧萼片偏斜，披针形，长 5 毫米，宽 2 毫米；花瓣斜菱状长圆形，与中萼片等长；唇瓣宽长圆形，长 4 毫米，宽 2.5 毫米，先端钝，边缘具强烈皱波状啮齿，基部凹陷呈浅囊状。花期 4~8 月。

生境与分布

生于山坡林下、灌丛下、草地或河滩沼泽草甸中。分布于全国各地区。模式标本采自广东。

拓展知识

绶草、线柱兰 *Zeuxine strateumatica* (L.) Schltr.、美冠兰，并称“华南草地三宝”。绶草花色白中带粉红，十分娇艳，花序旋转上升，犹如蛟龙盘柱，因此，别名亦叫“盘龙参”。它喜欢生长在草地上，与杂草混生，如果不是在花期，看到徐徐冒出来粉红色的花序，几乎无法识别出来。不同分布地方，其花色及植株形态等也变化较大。

植株

香港绶草

***Spiranthes hongkongensis* S. Y. Hu et Barretto**

别名：毛绶草

科属：兰科绶草属

花

形态特征

地生兰，草本，植株高10~46厘米。根肉质，直径1.4~3.6毫米。叶2~6枚，条形至倒披针形，长4~14厘米，宽5~10毫米。总状花序顶生，密被腺毛；花小，白色，在花序轴上呈螺旋状排生；中萼片长圆形，舟状，长3.5~4.5毫米，宽1.4~1.7毫米，与花瓣靠合呈兜状，背面被腺毛；侧萼片偏斜，披针形，长5毫米，宽约2毫米；花瓣长圆形，长3.5~4.5毫米，宽1.5~1.7毫米；唇瓣宽长圆形，长4~5.5毫米，宽2.4~2.7毫米；合蕊柱直立，长0.9~1.1毫米。花期3~8月。

生境与分布

生于海拔800~900米的山坡和草地。分布香港。

拓展知识

绶草和香港绶草是同科同属植物，外形相近，特别在都开白花的时候，二者主要区别在于：绶草花紫红色、粉红色，罕见白色；萼片无毛；螺旋花序明显，密生。香港绶草（别名“毛绶草”）花白色；萼片被腺毛；螺旋花序疏生。

植株

带唇兰

***Tainia dunnii* Rolfe**

别名：长叶杜鹃兰

科属：兰科带唇兰属

花

形态特征

地生兰，草本。假鳞茎暗紫色，圆柱形，长1~7厘米，直径0.5~1厘米，被膜质鞘，顶生1枚叶。叶狭长圆形或椭圆状披针形，长12~35厘米，宽6~60毫米。花莛直立，纤细，长30~60厘米；总状花序疏生多数花；花黄褐色；中萼片狭长圆状披针形，长11~12毫米，宽2.5~3毫米；侧萼片狭长圆状镰刀形，基部贴生于蕊柱足而形成明显的萼囊；花瓣与萼片等长而较宽；唇瓣整体轮廓近圆形，长1厘米，前部3裂；侧裂片淡黄色，具许多紫黑色斑点，直立，三角形，长约2.5毫米；中裂片黄色，横长圆形，先端近截形或凹缺而具1个短凸；唇盘具3条褶片；蕊柱纤细，向前弯曲，长约8毫米。花期3~4月。

生境与分布

生于海拔580~1900米的常绿阔叶林下或山间溪边。分布湖南、浙江、江西、福建、台湾、广东、香港、广西、四川、贵州。

拓展知识

带唇兰属于浅根性地生兰，根系浅埋于腐殖质土，或在腐烂落叶中穿行，只有根的末段入土。它的根茎横走，上面紧密连接成排的紫黑色的细长假鳞茎，每个假鳞茎顶端生长1枚瘦长暗绿色叶片，叶子因为柔软而常呈现弓状弯曲。

植株

香港带唇兰

***Tainia hongkongensis* Rolfe**

别名：香港安兰

科属：兰科带唇兰属

花

形态特征

地生兰，草本。假鳞茎卵球形，直径1~2厘米，幼时被鞘，顶生1枚叶。叶长椭圆形，长约26厘米，宽3~4厘米。花葶出自假鳞茎的基部，直立，不分枝，长达50厘米；总状花序，疏生数朵花；花黄绿色带紫褐色斑点和条纹；萼片相似，长圆状披针形，长约2厘米，宽2.2~3.5毫米；花瓣倒卵状披针形，与萼片近等大；唇瓣白色带黄绿色条纹，倒卵形，不裂，长11毫米，宽6毫米；唇盘具3条狭窄的褶片；距近长圆形，长约3毫米；蕊柱长约7毫米。花期4~5月。

生境与分布

通常生于海拔100~900米的山坡林下或山间路旁。分布福建、广东、香港。模式标本采自香港。

拓展知识

带唇兰属 *Tainia* [(希腊语)tainia 带]，是指花的唇瓣带形。

香港带唇兰常生长在山坡林下的岩石上，根系紧贴着石头，几乎没有或者只有很少的薄土壤，周遭覆盖一些落叶，在干涸的生长环境努力地抽长纤细的花葶，并巍巍颤颤地开出几朵黄绿色的花，展示了顽强生命力。

香港带唇兰与带唇兰的主要区别在于：香港带唇兰唇瓣倒卵形，不裂；唇盘具3条褶片。带唇兰唇瓣近圆形，前部3裂；侧裂片三角形，直立；中裂片横长圆形，先端近截形或凹缺并常具1个短凸；唇盘具3条褶片。

花

南方带唇兰

科属：兰科带唇兰属

***Tainia ruybarrettoi* (S. Y. Hu et Barretto) Z. H. Tsi**

形态特征

地生兰，草本。假鳞茎暗紫红色，卵球形，长2.5~5.5厘米，宽2.5~4厘米，有1枚顶生的叶。叶披针形，长30~45厘米，宽4.5~5.3厘米。花莛直立，长30~45厘米；总状花序疏生5~28朵花；花暗红黄色；萼片和花瓣带3~5条紫色脉纹，边缘黄色；中萼片狭披针形，长2.7~3.5厘米，宽4~5毫米；侧萼片与中萼片等大，但稍镰刀状；花瓣与萼片等大，斜倒披针形，先端锐尖；唇瓣白色，3裂，长2.2厘米；侧裂片直立，围抱蕊柱，卵状长圆形，长4~5毫米，宽3毫米，先端圆钝，具紫色条纹和斑点，内面被紫色毛；中裂片白色带紫色斑点，近圆形，稍向下弯，长和宽均7毫米，先端锐尖，基部收狭呈爪状，边缘波状；唇盘具5条平直的褶片；蕊柱白色带紫色斑点，长12毫米。花期2~3月。

生境与分布

常生于竹林下。分布香港、广东、广西。模式标本采自香港。

拓展知识

目前，广西植物研究所标本馆（IBK）、中国科学院植物研究所标本馆（PE）都馆藏着南方带唇兰的标本，其中，PE馆藏着一份编号为13098A、采集者为Ronald Wong & 胡秀英教授的标本（1975年3月14日在香港新界采集）。在后来的植物调查中，有人发现广东河源紫金县、深圳大鹏半岛亦有分布，广东为分布地新记录，之前未被收入《中国植物志》。

植株

植株

线柱兰

Zeuxine strateumatica (L.) Schltr.

别名：细叶线柱兰

科属：兰科线柱兰属

植株

形态特征

地生兰，草本，植株高 4~28 厘米。根状茎短，匍匐。茎直立，具多枚叶。叶线形至线状披针形，长 2~8 厘米，宽 2~6 毫米。总状花序具密生花；花小，白色或黄白色；中萼片狭卵状长圆形，凹陷，长 4~5.5 毫米，宽 2~2.5 毫米，与花瓣黏合呈兜状；侧萼片偏斜的长圆形，长 4~5 毫米，宽 1.8~2 毫米；花瓣歪斜，半卵形或近镰状，与中萼片等长，宽 1.5~1.8 毫米；唇瓣肉质，舟状，黄色，基部凹陷呈囊状，其内面两侧各具 1 枚近三角形的胼胝体。花期 1~3 月。

生境与分布

生于海拔 1000 米以下的沟边或河边的潮湿草地。分布福建、台湾、湖北、广东、香港、海南、广西、四川、云南。

拓展知识

在人们的眼里，野生兰花应该都是仙风道骨、高雅芬芳的植物，所以才会有“兰生幽谷，不以无人而不芳”之佳句。线柱兰却与人们心目中传统的兰花气质大相径庭，它植株矮小，花色不起眼，到处分布，不论是都市草坪，还是山野草坡边，都有其身影，丝毫不理会别人对它的嘲笑，以完全独立的姿态生存着。喜欢或不喜欢，它都在那里，生长着，不亢不卑。

植株

芳线柱兰

Zeuxine nervosa (Wall.ex Lindl.) Benth. ex Trimen

别名：芳香线柱兰、恒春线柱兰

科属：兰科线柱兰属

花

形态特征

地生兰，草本，植株高 20 ~40 厘米。茎直立，圆柱形，具 3~6 枚叶。叶卵形，长 4~6 厘米，宽 2.5~4.5 厘米，上面绿色或沿中肋具 1 条白色的条纹。总状花序直立，具数朵疏生的花；花较小，甚香，半张开；中萼片红褐色或黄绿色，卵形，凹陷，长 5~5.5 毫米，宽 4.5~5 毫米；侧萼片长圆状卵形，长 6~6.5 毫米，宽约 3.5 毫米；花瓣偏斜的卵形，长约 5.5 毫米，宽约 3.2 毫米，与中萼片黏合呈兜状；唇瓣呈 “Y” 字形，长 7 毫米，宽约 4.5 毫米，白色，并 2 裂，其裂片近圆形，两裂片之间的夹角呈 “V” 字形。花期 2~4 月。

生境与分布

生于海拔 200~800 米的林下阴湿处。分布台湾、广东、海南、云南。

拓展知识

线柱兰属 *Zeuxine* [(希腊语)zeuxis 接合]，是指唇瓣爪贴生在蕊柱上。

芳线柱兰也叫芳香线柱兰，其花虽小，但香味甚重，因而得此名。灰绿色的长卵形叶片中肋有白色宽条纹，这是它的辨认特征之一，但不是所有植株的叶片都带白肋，有些个体的叶片是全绿或灰绿色的。

植株

白花线柱兰

***Zeuxine parvifolia* (Ridl.) Seidenf.**

别名：蔽花线柱兰、阿里山线柱兰

科属：兰科线柱兰属

花

蒴果

形态特征

地生兰，草本，植株高15~22厘米。茎直立，圆柱形，淡紫褐色，具3~6枚叶。叶卵形，长2~4厘米，宽1.2~1.5厘米，上面绒毛状。总状花序具3~9朵花；花较小，白色；萼片背面被柔毛；中萼片卵状披针形，长4~4.5毫米，宽2.5~2.8毫米；侧萼片长圆状卵形，长4~4.5毫米，宽1.5~2毫米；花瓣白色，近倒披针状长圆形，长4~4.5毫米，宽1.2~1.3毫米，与中萼片黏合呈兜状；唇瓣呈“T”字形，基部为黄色，其余部分均为白色，长4.5~5毫米，宽约4毫米，2裂；裂片近长圆形，它们呈近水平叉开；合蕊柱长约2毫米。花期2~4月。

生境与分布

生于海拔200~1640米的林下阴湿处地上或岩石上覆土中。分布广东、台湾、海南、香港、云南。

拓展知识

白花线柱兰的唇瓣2裂，像一个“人”字，裂片基部为黄色，其他白色，特征明显，非常容易识别。广东为分布地新记录，在广东省多个地方如深圳、河源等地常见，但并未列入《中国植物志》分布地记录。

植株

黄唇线柱兰

Zeuxine sakagutii Tuyama

科属：兰科线柱兰属

花

形态特征

地生兰，草本。茎直立，高 5~12 厘米，从根部侧生。叶卵状披针形，长 3~4 厘米，宽 1.5~2.5 厘米，先端锐尖；叶柄长近 1 厘米。花梗密被毛，有 2~3 枚苞片状鞘；鞘背面被毛，边缘具毛；子房长 5~7 毫米，疏被毛或无毛；萼片长 3.2~3.6 毫米，深绿色或略带褐色 ，疏被毛；背萼卵披针形；侧萼斜卵形，不展开；花瓣白色，稍矩形状，长 3~3.6 毫米；唇瓣 3 裂，先端呈“T”字形，黄色，具 2 枚角状乳突。花期 3~4 月。

生境与分布

生于低海拔较为干燥的阔叶林下。分布广东、台湾。

拓展知识

雨季来临时，黄唇线柱兰会长出波浪状的叶片，叶片在花序逐渐发育完成时陆续凋萎。花朵绽放时，植株只剩下几片尚带残余绿色的叶子，像是拼尽了最后一点力气去支撑花开。

黄唇线柱兰具有明亮黄色的唇瓣裂片，还是很容易被路人发现的。线柱兰属 *Zeuxine* Lindl. 植物中的唇瓣黄色系，除了它之外就是线柱兰原种了，其他的都是唇瓣白色。

植株

毛唇芋兰

***Nervilia fordii* (Hance) Schltr.**

别名：福氏芋兰

科属：兰科芋兰属

花

近似种（毛叶芋兰）

形态特征

地生兰，草本。块茎圆球形，直径10~15毫米。叶1枚，在花凋谢后长出，淡绿色，质地较薄，干后带黄色，心状卵形，长5厘米，宽约6厘米，先端急尖，基部心形，边缘波状，具约20条在叶两面隆起的粗脉，两面脉上和脉间均无毛。花莛高15~30厘米；总状花序具3~5朵花；花半张开；萼片和花瓣淡绿色，具紫色脉，近等大，长10~17毫米，宽2~2.5毫米，线状长圆形；唇瓣白色，具紫色脉，倒卵形，长8~13毫米，宽6.5~7毫米，凹陷，内面密生长柔毛，顶部的毛尤密集成丛，基部楔形，前部3裂；侧裂片三角形，先端急尖，直立，围抱蕊柱；中裂片横椭圆形，先端钝；蕊柱长6~8毫米。花期5月。

生境与分布

生于海拔220~1000米的山坡或沟谷林下阴湿处。分布广东、香港、广西、四川。模式标本采自广东罗浮山。

拓展知识

芋兰属 *Nervilia* [(拉丁语)nervus 脉]，是指叶脉显著。

毛唇芋兰全株只有1枚叶片，心状卵形，叶面上的粗脉多达20条，两面无毛，叶面宽达6厘米，紧贴地面如葵扇铺开，非常显眼。毛唇芋兰中药名叫“青天葵”（民间也用毛叶芋兰 *Nervilia plicata* (Andr.) Schltr. 替代，其中药名为“红青天葵”），块茎供药用，主要含天冬氨酸、亮氨酸等15种游离氨基酸化学成分，有补肺止咳、收敛止痛的效用。

The unusual orchids non-native to Zijin

PART II: 紫金域外特色兰花（25 种）

植株

大花蕙兰‘火凤凰’

***Cymbidium* Finger of suspicion**

科属：兰科兰属

花

形态特征

地生兰。叶约长 78 厘米，宽 2.6 厘米。花紫红色；花瓣及萼片中间带一深色脉纹；唇瓣近白色，前端深紫色，带紫色斑点。花期 1 月。

拓展知识

大花蕙兰为著名的杂交种，亲本主要有西藏虎头兰 *Cymbidium tracyanum* L. Castle、黄蝉兰 *Cymbidium iridioides* D. Don、虎头兰 *Cymbidium hookerianum* Rchb. F.、碧玉兰 *Cymbidium lowianum* (Rchb. F.) Rchb. F.、独占春 *Cymbidium eburneum* Lindl.、大雪兰 *Cymbidium mastersii* Griff. ex Lindl. 等。它们大多生长在潮湿的森林中，有地生，也有附生，现在不少地方已经大规模种植。近年来，花大色艳且价格适中的大花蕙兰作为经典的年宵花卉，销售一直名列前茅，占主角地位。每年的中国传统春节临近之前，各种花色、不同品种的大花蕙兰粉墨登场，常见品种可多达 30 多个，如紫红色的‘火凤凰’、黄绿色的‘龙袍’、浅粉色的‘贵妃’等，争妍斗艳，深受人们的喜欢。其中，‘火凤凰’为大花蕙兰的一个大花型品种，有很强的观赏效果，可做拱形花和直立花。

植株

文心兰‘黄金 2 号’

***Oncidium* Gower Ramsey ‘Gold 2’**

别名：跳舞兰

科属：兰科文心兰属

植株

形态特征

附生兰。假鳞茎较肥大。叶数枚，长披针形。总状花序，具分枝，从假鳞茎基部发出；萼片及花瓣较小，近等大，黄色，上具有褐色斑纹；唇瓣大，黄色，基部红褐色。花期全年。

生境与分布

常见于各大公园及植物园，多绑于树干上栽培观赏。

拓展知识

文心兰属 *Oncidium* Sw. 种类较多，全属约有 400 种，分布在中南美洲及热带和亚热带地区。目前，本属栽培种较多，国内外均有商业化生产，生产上多用组培法繁殖。小苗常用水苔种植，成株的基质可用木炭块加石块混合而成，也可用兰石、树皮块等种植。‘黄金 2 号’为栽培种。

植株

美杜莎玉凤花

***Habenaria medusa* Kraenzl.**

科属：兰科玉凤花属

花

形态特征

地生兰，草本，植株高 35~50 厘米。块茎肉质，椭圆形，长 2.5~3 厘米，直径 1.2~2 厘米。茎直立，圆柱形，基部具 2~3 枚筒状鞘，鞘之上具有 4~7 枚近集生的叶，向上至花序下具有 3 至多枚卵状披针形至披针形、先端长渐尖的苞片状小叶。花序较为密生，长 6~18 厘米；花较大，绿白色。花期 7~8 月。

生境与分布

原产地印度尼西亚。

拓展知识

美杜莎玉凤花的种加词 *medusa* 来源于古希腊神话中的蛇发女妖 medusa（音译美杜莎，希腊神话中海神的女儿），它的唇瓣分出了飞舞蛇状的缕缕流苏，极像美杜莎的头发，因此得名“美杜莎玉凤花”。它和非洲的空船兰属 *Aerangis* Rchb. f. 一样，都是通过蛾类来传粉，从侧面看去，每朵花后都有藏着花蜜的修长的距。

植株

威后兜兰

***Paphiopedilum wilhelminae* L. O. Williams**

科属：兰科兜兰属

花

形态特征

地生兰，草本。叶 4~6 枚，深绿色，长 6~27 厘米，宽 2~4 厘米。花序长 30~50 厘米，有花 1~3 朵；中萼片和合萼片乳白色至浅黄色，有栗色脉；花瓣浅黄色，垂直或略扭曲，边缘无或者具有少数疣点，下部有暗栗色脉，向上变为栗色；唇瓣褐色，有暗色脉，宽 12~16 厘米。花期 12 月至翌年 1 月。

生境与分布

生于海拔 1700~1800 米的石灰岩草原或石灰岩灌丛及含丰富腐殖土的石灰质土层，适合温度为 19~20°C，喜阳。分布印度尼西亚。

拓展知识

本种是以荷兰威廉明娜女王 Wilhelmina（1880—1962）命名的。Wilhelmina 来源于日耳曼语，含义是“意志 + 头盔”(resolution+helmet)。1890 年，荷兰的威廉三世国王死后无男性继承人，一项特殊的法案被通过以允许他的女儿威廉明娜公主成为女王。

植株

杏黄兜兰

Paphiopedilum armeniacum **S. C. Chen et F. Y. Liu**

别名：金童兜兰

科属：兰科兜兰属

花

形态特征

地生兰或半附生兰。叶基生，5~7 枚，长圆形，坚革质，长 6~12 厘米，宽 1.8~2.3 厘米，上面有深浅绿色相间的网格斑，背面有密集的紫色斑点并具龙骨状凸起。花莛直立，长 15~28 厘米，顶生 1 朵花；花大，直径 7~9 厘米，纯黄色，仅退化雄蕊上有浅栗色纵纹；中萼片卵形，长 2.2~4.8 厘米，宽 1.4~2.2 厘米；合萼片长 2~3.5 厘米，宽 1.2~2 厘米，边缘具缘毛；花瓣大，宽卵状椭圆形，长 2.8~5.3 厘米，宽 2.5~4.8 厘米；唇瓣深囊状，近椭圆状球形，长 4~5 厘米，宽 3.5~4 厘米，囊底有白色长柔毛和紫色斑点；退化雄蕊宽卵形，长、宽各 1~2.2 厘米。花期 2~4 月。

生境与分布

生于海拔 1400~2100 米的石灰岩壁积土处或多石而排水良好的草坡上。分布云南西部（碧江、泸水）。模式标本采自云南碧江。

拓展知识

在兰科庞大的家族成员中，兜兰属 *Paphiopedilum* Pfitzer 是其中最有特色的一支。杏黄兜兰是兜兰属的一个明星种，颜色纯正，黄色明亮，亦被称为“金童兜兰”。它的花朵颜色有一个渐变过程，初开时候为绿黄色，然后渐变为杏黄色，巅峰期转为金黄色，如烈酒般醇厚。杏黄兜兰和硬叶兜兰 *Paphiopedilum micranthum* T. Tang et F. T. Wang 被分别称为“金童”和“玉女”。

植株

硬叶兜兰

Paphiopedilum micranthum T. Tang et F. T. Wang

别名：玉女兜兰

科属：兰科兜兰属

花

形态特征

地生兰或半附生兰。叶基生，4~5 枚，长圆形，坚革质，长 5~15 厘米，宽 1.5~2 厘米，上面有深浅绿色相间的网格斑，背面有密集的紫斑点。花莛直立，长 10~26 厘米，被长柔毛，顶端具 1 朵花；花大，艳丽；中萼片与花瓣通常白色而有黄色晕和淡紫红色粗脉纹；唇瓣白色至淡粉红色；中萼片卵形，长 2~3 厘米，宽 1.8~2.5 厘米；合萼片卵形，长 2~2.8 厘米，宽 1.8~2.8 厘米；花瓣宽卵形，长 2.8~3.2 厘米，宽 2.6~3.5 厘米；唇瓣深囊状，卵状椭圆形至近球形，长 4.5~6.5 厘米，宽 4.5~5.5 厘米，囊底有白色长柔毛；退化雄蕊椭圆形；2 枚能育雄蕊。花期 3~5 月。

生境与分布

生于海拔 1000~1700 米的石灰岩山坡草丛中、石壁缝隙或积土处。分布广西、贵州、云南。模式标本采自云南麻栗坡。

拓展知识

在人们对色彩的传统定义中，认为粉红色更加适合女性，比如形容女性面泛桃花等。硬叶兜兰因其叶片较硬而得名，又因花色浅粉红，十分娇俏而被称为“玉女兜兰”，与有“金童兜兰”之称的杏黄兜兰相映成趣。硬叶兜兰多以妩媚素雅见长，深受人们喜欢，常作座上摆设，可增添几分雅韵。

植株

大香荚兰

Vanilla siamensis Rolfe ex Downie

别名：大香果兰

科属：兰科香荚兰属

花

形态特征

攀缘藤本，长达数米，具多节，节上具 1 枚叶。叶肉质，椭圆形，长 14~25 厘米，宽 6~13 厘米，无毛。总状花序腋生，具多花；花开时间很短；萼片与花瓣淡黄绿色；唇瓣乳白色且具黄色的喉部；萼片长圆形，长 3.8~4.5 厘米，宽 1.2 厘米；花瓣倒卵状长圆形，宽 10~13 毫米；唇瓣菱状倒卵形，长约 4 厘米，下部与蕊柱边缘合生，呈喇叭形，上部 3 裂；侧裂片内卷，围抱蕊柱；中裂片三角形，边缘波状，上表面除基部外较密地生有流苏状长毛；唇盘中部具 1 枚杯状附属物，附属物口部具短毛；蕊柱半圆柱形，长 2~2.6 厘米。花期 8 月。

生境与分布

生于海拔约 1300 米的林中。分布云南南部（景洪）。

拓展知识

香荚兰属有 70 多种，分布于全球热带地区，我国有 4 种。

夏日炎炎，很多人都喜欢吃“云妮娜”冰淇淋（香草冰淇淋），满口香甜之余，实属降温消暑佳品，“云妮娜”就是香荚兰属 *Vanilla* Plum. ex Mill. 的音译。香荚兰属果荚含有香兰素（香草精）、烃类、醇类、酯类、酚类等多种化学成分，被广泛用作奶油、咖啡、可可、巧克力等高档食品的调香原料，有“食品香料之王”的美称，现已成为人们最喜欢的一种天然食用香料。

植株

钻柱兰

Pelatantheria rivesii (Guillaum.) T. Tang et F. T. Wang

科属：兰科钻柱兰属

花

形态特征

附生兰，草本。茎匍匐状伸长，长达 1 米多，常分枝。叶舌形，革质，长 3~4 厘米，宽 1~1.5 厘米。总状花序具 2~7 朵花；萼片和花瓣淡黄色，带 2~3 条褐色条纹，多少反折；中萼片近椭圆形，长 4 毫米，宽 2.2 毫米；侧萼片卵状长圆形，与中萼片等长而较宽；花瓣长圆形，长约 4 毫米，宽 1.5 毫米；唇瓣粉红色，3 裂；侧裂片小，直立，卵状三角形；中裂片宽卵状三角形，长 6 毫米，基部两侧各具 1 枚乳头状凸起的胼胝体；蕊柱长 2 毫米，两侧密生长腺毛。花期 10 月。

生境与分布

生于海拔 700~1100 米的常绿阔叶林中树干上或林下岩石上。分布广西、云南、海南、浙江、广东。

拓展知识

钻柱兰属 *Pelatantheria* Ridl. 在兰科庞大家族中算是个微小型成员，全球共 5 种，我国有 3 种，主要分布在西南地区，但最近几年，在海南、浙江、广东亦发现野生的钻柱兰，扩大了本种的新分布地记录。

钻柱兰非常有意思，在蕊柱的顶端具 2 枚长而向内弯曲的蕊柱齿（钻状臂），因此得名“钻柱兰”。此外，其唇瓣 3 裂，中裂片厚，呈垫状，宽卵状三角形，像乌龟的粉嫩舌头，颜色初开是粉红色，接近尾声时会渐变成黄红色。

植株

梳帽卷瓣兰

Bulbophyllum andersonii (Hook. f.) J. J. Smith

科属：兰科石豆兰属

花

形态特征

附生兰，草本。根状茎匍匐，直径3~5毫米。假鳞茎卵状圆锥形或狭卵形，长2~5厘米，宽6~15毫米，顶生1枚叶。叶革质，长圆形，长7~21厘米，宽1.6~4.3厘米。伞形花序具数朵花；花浅白色，密布紫红色斑点；中萼片卵状长圆形，凹陷，长约5毫米，中部宽约3毫米，具5条带紫红色小斑点的脉；侧萼片长圆形，比中萼片长3~4倍；花瓣长圆形或多少呈镰刀状长圆形，长约3毫米，宽1毫米；唇瓣肉质，茄紫色，卵状三角形，从中部向外下弯；蕊柱短；药帽边缘篦齿状。花期2~10月。

生境与分布

生于海拔400~2000米的山地林中树干上或林下岩石上。分布广西、四川、贵州、云南。

拓展知识

本种在单叶卷瓣兰组（石豆兰属下）中是非常有特色的一种，它的药帽边缘呈篦齿状（梳状），因此得名“梳帽卷瓣兰”。它的侧萼片远比中萼片长，长1.5~2厘米，两侧边缘内卷；花序由少数至多数花组成的单轮伞形花序，同一水平面呈放射状散开如扇子，花形奇特，观赏性很高。

植株

白及

***Bletilla striata* (Thunb. ex A. Murray) Rchb. f.**

别名：白芨

科属：兰科白及属

花

块茎

形态特征

地生兰，草本，植株高18~60厘米。假鳞茎扁球形，上面具荸荠似的环带，富黏性。茎粗壮，劲直。叶4~6枚，狭长圆形或披针形，长8~29厘米，宽1.5~4厘米。花序具3~10朵花；花大，紫红色或粉红色；萼片和花瓣近等长，狭长圆形，长25~30毫米，宽6~8毫米；花瓣较萼片稍宽；唇瓣较萼片和花瓣稍短，倒卵状椭圆形，长23~28毫米，白色带紫红色，具紫色脉；唇盘上面具5条纵褶片，从基部伸至中裂片近顶部；蕊柱柱状，长18~20毫米。花期4~5月。

生境与分布

生于海拔100~3200米的常绿阔叶林下，或针叶林下、路边草丛或岩石缝中。分布陕西、甘肃、江苏、安徽、浙江、江西、福建、湖北、湖南、广东、广西、四川、贵州。

拓展知识

《证类本草·草部下品之上》载有白及;《神农本草》曰:“一名连及草”; 吴氏(普)《本草》曰:“茎叶如生姜、藜芦；十月花，直上，紫赤；根白，连。”由此可见，白及一物，古今一致，今白及之块茎白色，块块相连着，这就是所谓的“根白”而“连”了。

白及是著名的传统中草药材之一，以块茎入药，有止咳润肺、收敛止血、消肿生肌等功效。现在许多省份如四川、贵州、湖北等，都有大规模的人工种植，以满足日益增加的市场需求，同时增加了当地的经济效益。

植株

肿节石斛

Dendrobium pendulum Roxb.

科属：兰科石斛属

花

形态特征

附生兰，草本。茎下垂或外弯，肉质状，肥厚，圆柱形，长 22~40 厘米，直径 1~1.6 厘米，不分枝，具多节，每个节明显肿大呈算盘珠子状。叶纸质，长圆形，长 9~12 厘米，宽 1.7~2.7 厘米。总状花序通常出自落了叶的老茎上部，具 1~3 朵花；花大，白色，上部紫红色，开展，具香气；萼片长圆形，长约 3 厘米，宽 1 厘米；萼囊紫红色，近圆锥形，长约 5 毫米；花瓣阔长圆形，长 3 厘米，宽 1.5 厘米；唇瓣白色，中部以下金黄色，上部紫红色，近圆形，长约 2.5 厘米；蕊柱长约 4 毫米。花期 3~4 月。

生境与分布

生于海拔 1050~1600 米的山地疏林中树干上。分布云南南部（思茅、勐腊）。

拓展知识

石斛属 *Dendrobium* Sw. 植物的茎多数为圆柱形，而肿节石斛比较特殊，其每个节明显肿大，呈算盘珠子状，在众多石斛属中容易区分出来。肿节石斛花色秀丽，唇盘有一大黄色斑块，靠近闻嗅，花有淡淡的芳香，具有较高的观赏性，多人工引种种植在各大植物园供观赏，也是春石斛杂交育种的常用原生种。

植株

齿瓣石斛

***Dendrobium devonianum* Paxt.**

别名：紫皮石斛
科属：兰科石斛属

形态特征

附生兰，草本。茎下垂，圆柱形，长50~100厘米，不分枝，具多节。叶纸质，二列互生，狭卵状披针形，长8~13厘米，宽1.2~2.5厘米。总状花序侧生于无叶的茎上，具1~2朵花；花质地薄，开展，具香气；萼片白色，上部具紫红色晕，卵状披针形，长约2.5厘米，宽1厘米；萼囊近球形，长约4毫米；花瓣卵形，长2.6厘米，宽1.3厘米，边缘具短流苏；唇瓣近圆形，白色，前部紫红色，中部以下两侧具紫红色条纹，边缘具复式流苏，上面密布短毛；唇盘两侧各具1个黄色斑块；蕊柱白色，长约3毫米。花期4~5月。

生境与分布

生于海拔1850米的山地密林中树干上。分布广西、贵州、云南、西藏。模式标本采自印度东北部。

拓展知识

本种花朵质地薄如蝉翼，唇瓣近圆形，边缘具有锯齿状流苏，因此得名“齿瓣石斛”。唇盘两侧各具1个黄色斑块，镶嵌在白色唇瓣上，跟前端的紫红色遥相呼应，形成对称之美，容姿秀丽，味道淡香高雅，实为石斛中的观花佳品。

齿瓣石斛又名紫皮石斛，是重要的中药石斛新资源，以产量高、品质好而深受消费者青睐，其种植面积仅次于铁皮石斛。

花

植株

束花石斛

***Dendrobium chrysanthum* Wall. ex Lindl.**

别名：金兰

科属：兰科石斛属

形态特征

附生兰，草本。茎下垂，圆柱形，长50~200厘米，不分枝。叶二列互生，卵状披针形，长7~20厘米，宽1~2.5厘米，先端渐尖，基部具鞘。伞状花序，每2~6朵花为一束，腋生；花黄色，有香气，宽3~4厘米；中萼片长圆形，长15~20毫米，宽9~11毫米；侧萼片斜卵状三角形，长1.5~2厘米，宽1~1.2厘米；花瓣倒卵形，长16~22毫米，宽11~14毫米，全缘或有时细啮蚀状；唇瓣不裂，肾形，长2~5厘米，宽约2.2厘米，先端近圆形；唇盘两侧各具1个栗色斑块，具1条宽厚的脊从基部伸向中部；蕊柱长约4毫米。花期9~10月。

生境与分布

生于海拔700~2500米的山地密林中树干上或山谷阴湿的岩石上。分布广西、贵州、云南、西藏。

拓展知识

本种花色金黄明亮，有香气，成束开放，每2~6朵花为一束，金黄灿烂夺目，所以别名“金兰”，适合在公园、庭院附树栽，也可盆栽供观赏。一般喜湿润环境，也稍耐阴，生长适温为15~28°C。

植株

禾叶贝母兰

***Coelogyne viscosa* Rchb. f.**

科属：兰科贝母兰属

花

形态特征

附生兰，草本。假鳞茎卵形或圆柱状卵形，长 5~6 厘米，直径 1~3.5 厘米，顶生 2 枚叶。叶线形，禾叶状，革质，长 30~40 厘米，宽 8~12 毫米。总状花序具 2~4 朵花；花白色，仅唇瓣带褐色与黄色斑；中萼片长圆形，长约 2.3 厘米，宽约 7 毫米；侧萼片稍狭，宽约 5 毫米；花瓣与侧萼片相似；唇瓣卵形，长约 2 厘米，宽约 1.5 厘米，3 裂；侧裂片近半卵形，直立；中裂片近卵形，长 7~8 毫米，宽约 5 毫米；唇盘上有 3 条纵褶片；蕊柱长约 1.2 厘米。花期 1 月。

生境与分布

生于海拔 1500~2000 米的林下岩石上。分布云南西南部（镇沅、腾冲、瑞丽）。

拓展知识

贝母兰属 *Coelogyne* [(希腊语)koelos 空的 +gyne 妇人]，是指雄蕊凹陷。

本种的叶线形，禾叶状，因此得名“禾叶贝母兰”。它是通过唇瓣上的黄褐色斑及气味来吸引昆虫传粉者，但却不提供回报的欺骗性植物（即不含花蜜）。有效传粉者为中华蜜蜂，亦有别的昆虫如蝴蝶、蚂蚁之类来访花，但属于“到此一游”类型，并不帮忙携带花粉块及授粉。

植株

扇脉杓兰

Cypripedium japonicum Thunb.

科属：兰科杓兰属

花

形态特征

地生兰，草本。茎直立，被褐色长柔毛。叶 2 枚，扇形，长 10~16 厘米，宽 10~21 厘米，具扇形辐射状脉直达边缘。花序顶生，具 1 朵花；花直径 9~10 厘米，俯垂；萼片和花瓣淡黄绿色，基部有紫色斑点；唇瓣淡黄绿色至淡紫白色，多少有紫红色斑点和条纹；中萼片狭椭圆形，长 4.5~5.5 厘米，宽 1.5~2 厘米；合萼片与中萼片相似，先端 2 浅裂；花瓣斜披针形，长 4~5 厘米，宽 1~1.2 厘米，上面基部有毛；唇瓣下垂，囊状，近椭圆形，长 4~5 厘米，宽 3~3.5 厘米。花期 4~5 月。

生境与分布

生于海拔 1000~2000 米的林下、灌木林下、林缘、溪谷旁、荫蔽山坡等湿润和腐殖质丰富的土壤上。分布陕西、甘肃、安徽、浙江、江西、湖北、湖南、四川、贵州。模式标本采自日本。

拓展知识

扇脉杓兰的中药名叫“扇子七”，《陕西中草药志》记有：“扇子七，微苦，性平，有毒；有理气活血，截疟，解毒之效。”扇脉杓兰不仅花朵硕大漂亮，叶片一样独特。2 枚对生叶，扇形辐射状脉直达边缘，婆娑舒展开，如舞蹈者飞舞的绿裙摆，观花、观叶皆相宜。它具有性繁殖和无性繁殖两种繁殖方式，前者主要通过有效的传粉者如昆虫等，利用受精作用形成种子，最终发芽形成实生苗，后者则通过根状茎上的芽进行种群的繁衍。

斑叶杓兰

科属：兰科杓兰属

Cypripedium margaritaceum **Franch.**

形态特征

地生兰，草本，植株高约 10 厘米。茎直立，长 2~5 厘米，顶端具 2 枚叶。叶近对生，铺地；叶宽卵形至近圆形，长 10~15 厘米，宽 7~13 厘米，上面暗绿色并有黑紫色斑点。花序顶生，具 1 朵花；花美丽；萼片绿黄色有栗色纵条纹；花瓣与唇瓣白色或淡黄色而有红色斑点与条纹；中萼片宽卵形，长 3~4 厘米，宽 2.5~3.5 厘米；合萼片椭圆状卵形，长 3~4 厘米，宽 2~2.5 厘米；花瓣矩圆状披针形，内弯，围抱唇瓣，长 3~4 厘米，宽 1.5~2 厘米，背面脉上被短毛；唇瓣囊状，近椭圆形，腹背压扁，长 2.5~3 厘米，囊的前方表面有小疣状凸起。花期 5~7 月。

生境与分布

生于海拔 2500~3600 米的草坡上或疏林下。分布四川、云南。模式标本采自云南西北部。

拓展知识

斑叶杓兰长期与丽江杓兰 *Cypripedium lichiangense* S. C. Chen et Cribb 相混，尤其在干标本中是很难区分的。它们的主要区别在于：斑叶杓兰中萼片和花瓣黄色，有明显的栗色纵脉纹；花瓣背面脉上具短柔毛或近无毛。丽江杓兰中萼片栗褐色，无明显纵条纹；花瓣暗黄色，有栗色斑点，背面上侧被短柔毛。

植物叶斑通常为自然突变而非人工诱导所致。在生长发育过程中，个别不同遗传型细胞的分裂方向发生改变，可引起细胞类型的转移，从而形成多种新的植物叶斑类型。

植株

云南杓兰

Cypripedium yunnanense Franch.

科属：兰科杓兰属

植株

形态特征

地生兰，草本。茎直立，无毛或近节处疏被短柔毛。叶 3~4 枚，椭圆形或椭圆状披针形，长 6~14 厘米，宽 1~3.5 厘米。花序顶生，具 1 朵花；花略小，粉红色或淡紫红色，有深色的脉纹；中萼片卵状椭圆形，长 2.2~3.2 厘米，宽 1.2~1.6 厘米；合萼片椭圆状披针形，与中萼片等长，宽 8~10 毫米，先端 2 浅裂；花瓣披针形，长 2.2~3.2 厘米，宽 7~8 毫米，内表面基部具毛；唇瓣深囊状，椭圆形，长 2.2~3.2 厘米，宽 1.5~1.8 厘米。花期 5 月。

生境与分布

生于海拔 2700~3800 米的松林下、灌丛中或草坡上。分布四川、云南、西藏。模式标本采自云南。

拓展知识

杓兰属 *Cypripedium*[(希腊语)kypris 希腊神话中女神 Venus 的别名 +pes 足]，是指花拖鞋状。

有关科学研究表明，杓兰属 *Cypripedium* L. 植物的传粉者为各种野生蜜蜂，且大部分通过食源性欺骗的方式完成授粉。西藏杓兰 *Cypripedium tibeticum* King ex Rolfe 和云南杓兰共生于云南香格里拉，花朵形态非常相似。

当西藏杓兰和云南杓兰非交叉分布生长时，分别吸引不同的传粉者；但在共生区域内，发现有非专性传粉者均访问这两个种的唇瓣，可能引发了西藏杓兰和云南杓兰种间杂交的发生。两个种中间性状的植株被发现，其萼片、花瓣及唇瓣的颜色介于云南杓兰与西藏杓兰之间，推测可能是两者的杂交种。

植株

西藏杓兰

Cypripedium tibeticum **King ex Rolfe**

科属：兰科杓兰属

花

形态特征

地生兰，草本，植株高15~35厘米。具粗壮且短的根状茎。茎直立，具3枚叶。叶椭圆形或卵状椭圆形，长8~16厘米，宽3~9厘米。花序顶生，具1朵花；花大，俯垂，紫色或紫红色，通常有淡绿黄色的斑纹，花瓣上的纹理尤其清晰；唇瓣的囊口周围有白色或浅色的圈；中萼片椭圆形，长3~6厘米，宽2.5~4厘米；合萼片与中萼片相似，但略短而狭；花瓣披针形，长3.5~6.5厘米，宽1.5~2.5厘米；唇瓣深囊状，近球形至椭圆形，长、宽各3.5~6厘米，外表面常皱缩，囊底有长毛；退化雄蕊卵状长圆形，长1.5~2厘米，宽8~12毫米。花期5~8月。

生境与分布

生于海拔2300~4200米的透光林下、林缘、灌木坡地、草坡或乱石地上。分布甘肃、四川、贵州、云南、西藏。本种后选模式标本采自四川。

拓展知识

除了前面说的可能跟云南杓兰发生自然杂交之外，西藏杓兰跟褐花杓兰 *Cypripedium calcicola* Schltr. 亦是两个近缘种类，二者除了外表形态相似，分布地区也存在明显重叠。有学者研究表明，二者有着相同的传粉系统，都是由熊蜂蜂王传粉，杂交亲和。因此，在自然条件下，二者之间可能会存在比较频繁的基因流，从而产生一系列的中间过渡类型。

植株

宽口杓兰

Cypripedium wardii Rolfe

科属：兰科杓兰属

生境

形态特征

地生兰，草本，茎直立，较细弱，被短柔毛，具2~4枚叶。叶椭圆形，长4.5~10厘米，宽2.5~3.5厘米，两面被短柔毛。花序顶生，具1朵花；花较小，略带淡黄的白色；唇瓣囊内和囊口周围有紫色斑点；中萼片椭圆形或卵状椭圆形，长1.4~1.7厘米，宽8~10毫米，背面疏被短柔毛；合萼片宽椭圆形，略短于中萼片，先端2浅裂，背面亦疏被短柔毛；花瓣近卵状菱形，长9~12毫米，宽约6毫米；唇瓣深囊状，近倒卵状球形，长1.2~1.6厘米，囊口较宽阔。花期6~7月。

生境与分布

生于海拔2500~3500米的密林下、石灰岩岩壁上或溪边岩石上。分布云南西北部和西藏东南部。模式标本采自西藏东南部。

拓展知识

相比杓兰属 *Cypripedium* L. 其他种颜色艳丽的花朵，宽口杓兰的花朵显得非常素淡，只在囊状唇斑上有不规则分布的紫色斑点，囊口也比较宽阔，所以叫“宽口杓兰”。盛花期的时候，囊后方的一块区域透明度变高，起到“出口指示EXIT”的作用，将昆虫引导到花蕊柱后方出口；而在花初期及末期时，这块区域透明度则没有那么明亮。本种只分布在云南西北部和西藏东南部，分布地方极狭窄，所谓可遇不可求。

植株

黄花杓兰

Cypripedium flavum P. F. Hunt et Summerh

科属：兰科杓兰属

花

形态特征

地生兰，草本，植株高 30~50 厘米。根状茎粗短。茎直立，密被短柔毛，具 3~6 枚叶。叶较疏离，椭圆形或卵状椭圆形，长 10~16 厘米，宽 4~8 厘米，两面被短柔毛。花序顶生，具 1 朵花；花黄色，有时有红色晕；唇瓣上偶见栗色斑点；中萼片椭圆形至宽椭圆形，长 3~3.5 厘米，宽 1.5~3 厘米；合萼片宽椭圆形，长 2~3 厘米，宽 1.5~2.5 厘米；花瓣长圆形至长圆状披针形，长 2.5~3.5 厘米，宽 1~1.5 厘米；唇瓣深囊状，椭圆形，长 3~4.5 厘米，两侧和前沿均有较宽阔的内折边缘，囊底具长柔毛；退化雄蕊近圆形，长、宽各 1 厘米。花期 6~9 月。

生境与分布

生于海拔 1800~3450 米的林下、林缘、灌丛中或草地上多石湿润之地。分布甘肃、湖北、四川、云南、西藏。模式标本采自四川。

拓展知识

黄花杓兰的传粉者是熊蜂工蜂和丽蝇，自然结实率很低，平均约在 9.43%，许多野生植株是由地下根茎连接的无性系分株，其繁殖方式为无性繁殖（克隆繁殖）。黄花杓兰植株挺拔，花色艳丽，花朵形态奇特，具有很高的观赏价值和规模育种前景。但是，目前还是基本处于野外自生自灭状态，如果能开展有效的保护工作，或许对维护其种群数量稳定有很大作用。

植株

绿花杓兰

Cypripedium henryi Rolfe

科属：兰科杓兰属

花

形态特征

地生兰，草本。茎直立，被短柔毛，具4~5枚叶。叶椭圆状至卵状披针形，长10~18厘米，宽6~8厘米，无毛或在背面近基部被短柔毛。花序顶生，具2~3朵花；花绿色至绿黄色；中萼片卵状披针形，长3.5~4.5厘米，宽1~1.5厘米，背面脉上和近基部处稍有短柔毛；合萼片与中萼片相似，先端2浅裂；花瓣线状披针形，长4~5厘米，宽5~7毫米，先端渐尖，通常稍扭转，内表面基部和背面中脉上有短柔毛；唇瓣深囊状，椭圆形，长2厘米，宽1.5厘米，囊底有毛，囊外无毛。花期4~5月。

生境与分布

生于海拔800~2800米的疏林下、林缘、灌丛坡地上湿润和腐殖质丰富之地。分布山西、甘肃、陕西、湖北、四川、贵州、云南。模式标本采自湖北。

拓展知识

绿花杓兰可以说是杓兰属中的高挑个子，植株高度可达60厘米，远高出其他杓兰。一支花梗上生出2~3朵花，花儿由下至上，一层一层开到茎顶，像挂了一个个绿色小灯笼。花和叶颜色相近，人容易走过而浑然不觉。绿花杓兰是广布种，分布在不少地区。在湖北宜昌五峰土家族自治县一带，绿花杓兰分布尤其密集，密林下路边随处可见，其植株数量之多，跟在四川分布处于伯仲之间。

植株

乐昌虾脊兰

Calanthe lechangensis Z. H. Tsi et T. Tang

科属：兰科虾脊兰属

花

形态特征

地生兰，草本。假鳞茎粗短，圆锥形，常具1枚叶。叶宽椭圆形，长20~30厘米，宽8~11厘米，两面无毛。花莛直立，长达35厘米；总状花序疏生4~5朵花；花浅红色至白色；中萼片卵状披针形，长17~18毫米，中部宽6~7毫米；侧萼片稍斜的长圆形，先端多少钩曲并急尖而呈芒状；花瓣长圆状披针形，长15~16毫米，中部宽4.5~5毫米；唇瓣倒卵状圆形，3裂；侧裂片很小，牙齿状，长1~3毫米，宽0.8~1.2毫米，两侧裂片之间具3条隆起的褶片；中裂片宽卵状楔形，长1厘米，近先端处宽1厘米，先端微凹并具短尖，边缘多少波状；距圆筒形，伸直，长约9毫米；蕊柱长6毫米。花期3~4月。

生境与分布

生于山谷溪边、疏林下。分布广东（韶关乐昌、乳源，从化，惠州）。

拓展知识

乐昌虾脊兰株形优美，叶片宽阔婆娑，花色美丽淡雅，花序叠加有序，具有较高的观赏价值。令人遗憾的是，它分布范围极小，仅仅分布于广东韶关、从化、惠州等地，野生数量少，处于极度濒危状态，有较高的保育价值。

植株

翘距虾脊兰

Calanthe aristulifera Rchb. f.

别名：翘距根节兰、垂花根节兰

科属：兰科虾脊兰属

花

形态特征

地生兰，草本。假鳞茎近球形，宽约 1 厘米，具 2~3 枚叶。叶在花期尚未展开，纸质，倒卵状椭圆形，长 15~30 厘米，宽 4~8 厘米，背面密被短毛。花莛 1~2 个，长 25~60 厘米；总状花序疏生约 10 朵花；花白色、粉红色或淡紫色；中萼片长圆状披针形，长 12~17 毫米，宽 5~8 毫米，背面被短毛；侧萼片斜长圆形，与中萼片等长，但较狭，背面被短毛；花瓣狭倒卵形，比萼片稍短，宽 2.5~4.5 毫米，无毛；唇瓣扇形，长 8~16 毫米，中部以上 3 裂；侧裂片半圆形，先端圆钝；中裂片扁圆形，边缘稍波状；唇盘上具 3~7 条脊突；距圆筒形，常翘起，弯曲，长 14~20 毫米；蕊柱长 6 毫米。花期 2~5 月。

生境与分布

生于海拔达 2500 米的山地沟谷阴湿处和密林下。分布福建、台湾、广东、广西。

拓展知识

本种的花距筒形，常翘起，长可达 2 厘米，因此得名“翘距虾脊兰”。花朵多为白色，偶有浅紫红色，即使同一生长环境，不同株花色亦有极大变化。它们喜欢生长在近水源或潮湿的林下腐殖土里，想一睹其芳容，需要拨开一层层荆棘灌木，才能艰难抵达林下植株生长的地方。素白色的花序螓首低垂，如一位美丽的白衣女子，藏居深林，有一种“天寒翠袖薄，日暮倚修竹”的孤独感觉。

植株

三棱虾脊兰

Calanthe tricarinata Lindl.

别名：三板根节兰、绣边根节兰

科属：兰科虾脊兰属

花

形态特征

地生兰，草本。假鳞茎圆球状，宽约 2 厘米。叶 3~4 枚，花后长成，薄纸质，椭圆形或倒卵状披针形，长 20~30 厘米，宽 5~11 厘米，背面密被短毛。花莛发自叶腋，直立，粗壮，长达 60 厘米；总状花序；花张开，质地薄，萼片和花瓣浅黄色；萼片长圆状披针形，长 16~18 毫米，宽 5~8 毫米；花瓣倒卵状披针形，长 11~15 毫米，宽 3~5 毫米；唇瓣红褐色，基部合生于整个蕊柱翅上，3 裂；侧裂片小，耳状或近半圆形，长约 4 毫米，宽 4~5 毫米；中裂片肾形，长 8~10 毫米，宽 10~18 毫米，边缘强烈波状；唇盘上具 3~5 条鸡冠状褶片，无距；蕊柱粗短，长约 6 毫米。花期 5~6 月。

生境与分布

生于海拔 1600~3500 米的山坡草地上或混交林下。分布陕西、甘肃、台湾、湖北、四川、贵州、云南、西藏。

拓展知识

三棱虾脊兰的唇盘具有 3 条鸡冠状褶片，因此得名“三棱虾脊兰”，不过，并非全部花朵都是 3 条褶片，有的花朵上是 4 条或 5 条不等。在台湾，它被叫作“三板根节兰”或“绣边根节兰”。三棱虾脊兰可以说是虾脊兰属中的佼佼者，花瓣和萼片浅黄色，衬托红褐色的唇瓣，花香浓郁扑鼻，可谓姿色出众，艳压群芳，观赏价值高，却常遭非法挖掘，野生数量锐减，目前已被 IUCN 编制的《世界自然保护联盟濒危物种红色名录》列为渐危物种。

花

天麻

Gastrodia elata Bl.

别名：赤箭

科属：兰科天麻属

根状茎

形态特征

腐生兰，草本，植株高30~100厘米。根状茎肥厚，块茎状，椭圆形，肉质，长8~12厘米，宽3~7厘米。茎直立，橙黄色、黄色或灰棕色，无绿叶，被膜质鞘。总状花序具30~50朵花；花扭转，橙黄色、淡黄色或黄白色；萼片和花瓣合生成的花被筒长约1厘米，直径5~7毫米，近斜卵状圆筒形，顶端具5枚裂片；外轮裂片卵状三角形，先端钝；内轮裂片近长圆形，较小；唇瓣长圆状卵圆形，长6~7毫米，宽3~4毫米，3裂；蕊柱长5~7毫米。花期5~7月。

生境与分布

生于海拔400~3200米的疏林下、林中空地、林缘、灌丛边缘。分布吉林、辽宁、内蒙古、河北、山西、陕西、甘肃、江苏、安徽、浙江、江西、台湾、河南、湖北、湖南、四川、贵州、云南、西藏。

拓展知识

天麻其实有二重属性，既是寄生植物又是腐生植物。天麻无根，无绿色叶片，所需养分主要依靠同化侵入其体内的蜜环菌获得，因此也被称为“食菌植物”，但天麻的老球茎同样会被蜜环菌所分解掉，两者是寄生和反寄生的关系。

麻痹之症，俗简言之曰“麻”，天者，言其为天然之产物，合称“天麻”。天麻是名贵中药，主要用以治疗头晕目眩、肢体麻木、小儿惊风等症。《证类本草》载《开宝本草》之言曰：“天麻，主诸风湿痹，四肢拘挛……”野生天麻数量少且价格昂贵，各地还有不少当地村民上山挖采野生天麻贩卖的情况，这对保护天麻野生资源不利，应该多推广人工种植，以满足市场巨大的需求。

中文名称索引

拉丁学名索引

紫金兰科植物花期检索表

编号	中文名	1月	2月	3月	4月	5月	6月	7月	8月	9月	10月	11月	12月
1	寒兰	1月	2月	3月	4月	5月	6月	7月	**8月**	**9月**	**10月**	**11月**	**12月**
2	建兰	1月	2月	3月	4月	5月	**6月**	**7月**	**8月**	**9月**	**10月**	11月	12月
3	墨兰	**1月**	**2月**	**3月**	4月	5月	6月	7月	8月	9月	**10月**	**11月**	**12月**
4	深圳拟兰	1月	2月	3月	4月	**5月**	**6月**	7月	8月	9月	10月	11月	12月
5	多花脆兰	1月	2月	3月	4月	5月	6月	7月	**8月**	**9月**	10月	11月	12月
6	金线兰	1月	2月	3月	4月	5月	6月	7月	**8月**	**9月**	**10月**	**11月**	**12月**
7	无叶兰	1月	2月	3月	4月	5月	6月	**7月**	**8月**	**9月**	10月	11月	12月
8	牛齿兰	1月	2月	3月	4月	5月	6月	**7月**	**8月**	9月	10月	11月	12月
9	竹叶兰	1月	2月	3月	4月	5月	6月	7月	8月	**9月**	**10月**	**11月**	12月
10	广东石豆兰	1月	2月	3月	4月	**5月**	**6月**	**7月**	**8月**	9月	10月	11月	12月
11	芳香石豆兰	1月	**2月**	**3月**	**4月**	**5月**	6月	7月	8月	9月	10月	11月	12月
12	密花石豆兰	1月	2月	3月	**4月**	**5月**	**6月**	**7月**	**8月**	9月	10月	11月	12月
13	瘤唇卷瓣兰	1月	2月	3月	4月	5月	**6月**	7月	8月	9月	10月	11月	12月
14	斑唇卷瓣兰	1月	2月	3月	**4月**	**5月**	**6月**	**7月**	**8月**	**9月**	10月	11月	12月
15	棒距虾脊兰	1月	2月	3月	4月	5月	6月	7月	8月	9月	10月	**11月**	**12月**
16	钩距虾脊兰	1月	2月	**3月**	**4月**	**5月**	6月	7月	8月	9月	10月	11月	12月
17	黄兰	1月	2月	3月	4月	5月	6月	7月	8月	**9月**	**10月**	**11月**	**12月**
18	琉球叉柱兰	**1月**	**2月**	3月	4月	5月	6月	7月	8月	9月	10月	11月	12月
19	大序隔距兰	1月	2月	3月	**4月**	**5月**	**6月**	**7月**	**8月**	**9月**	10月	11月	12月
20	广东隔距兰	1月	2月	3月	**4月**	**5月**	**6月**	**7月**	**8月**	**9月**	**10月**	**11月**	**12月**
21	流苏贝母兰	1月	2月	3月	4月	5月	6月	7月	**8月**	**9月**	**10月**	11月	12月
22	剑叶石斛	1月	2月	**3月**	**4月**	**5月**	**6月**	**7月**	**8月**	**9月**	10月	11月	12月
23	钩状石斛	1月	2月	3月	4月	**5月**	**6月**	7月	8月	9月	10月	11月	12月
24	重唇石斛	1月	2月	3月	4月	**5月**	**6月**	7月	8月	9月	10月	11月	12月
25	铁皮石斛	1月	2月	**3月**	**4月**	**5月**	**6月**	7月	8月	9月	10月	11月	12月
26	蛇舌兰	1月	**2月**	**3月**	**4月**	**5月**	**6月**	**7月**	**8月**	9月	10月	11月	12月
27	单叶厚唇兰	1月	2月	3月	**4月**	**5月**	6月	7月	8月	9月	10月	11月	12月
28	半柱毛兰	1月	2月	3月	4月	5月	6月	7月	**8月**	**9月**	10月	11月	12月
29	小毛兰	1月	2月	3月	4月	5月	6月	7月	8月	**9月**	**10月**	11月	12月
30	对茎毛兰	1月	2月	3月	4月	5月	6月	7月	8月	**9月**	**10月**	11月	12月
31	美冠兰	1月	2月	3月	**4月**	**5月**	6月	7月	8月	9月	10月	11月	12月
32	无叶美冠兰	1月	2月	3月	**4月**	**5月**	**6月**	7月	8月	9月	10月	11月	12月
33	地宝兰	1月	2月	3月	4月	5月	**6月**	**7月**	8月	9月	10月	11月	12月
34	斑叶兰	1月	2月	3月	4月	5月	6月	7月	**8月**	**9月**	**10月**	11月	12月
35	高斑叶兰	1月	2月	3月	**4月**	**5月**	6月	7月	8月	9月	10月	11月	12月
36	多叶斑叶兰	1月	2月	3月	4月	5月	6月	**7月**	**8月**	**9月**	10月	11月	12月
37	歌绿斑叶兰	1月	**2月**	**3月**	4月	5月	6月	7月	8月	9月	10月	11月	12月
38	绿花斑叶兰	1月	2月	3月	4月	5月	6月	7月	**8月**	**9月**	10月	11月	12月
39	小小斑叶兰	1月	2月	3月	4月	5月	6月	**7月**	**8月**	**9月**	10月	11月	12月
40	鹅毛玉凤花	1月	2月	3月	4月	5月	6月	7月	**8月**	**9月**	**10月**	11月	12月
41	细裂玉凤花	1月	2月	3月	4月	5月	6月	**7月**	**8月**	**9月**	10月	11月	12月
42	橙黄玉凤花	1月	2月	3月	4月	5月	6月	**7月**	**8月**	9月	10月	11月	12月
43	全唇盂兰	1月	2月	3月	4月	5月	6月	**7月**	**8月**	**9月**	**10月**	11月	12月
44	见血青	1月	**2月**	**3月**	**4月**	**5月**	**6月**	**7月**	8月	9月	10月	11月	12月
45	镰翅羊耳蒜	1月	2月	3月	4月	5月	6月	7月	**8月**	**9月**	**10月**	11月	12月
46	广东羊耳蒜	1月	2月	3月	4月	5月	6月	7月	8月	9月	**10月**	11月	12月
47	长茎羊耳蒜	1月	2月	3月	4月	5月	6月	7月	8月	**9月**	**10月**	**11月**	**12月**
48	海南沼兰	1月	2月	3月	4月	5月	6月	**7月**	**8月**	9月	10月	11月	12月

编号	中文名	1月	2月	3月	4月	5月	6月	7月	8月	9月	10月	11月	12月
49	深裂沼兰	1月	2月	3月	4月	5月	**6月**	**7月**	8月	9月	10月	11月	12月
50	无耳沼兰	1月	2月	3月	4月	**5月**	**6月**	**7月**	**8月**	9月	10月	11月	12月
51	小沼兰	1月	**2月**	**3月**	**4月**	5月	6月	7月	8月	9月	10月	11月	12月
52	紫纹兜兰	**1月**	2月	3月	4月	5月	6月	7月	8月	9月	**10月**	**11月**	**12月**
53	长须阔蕊兰	1月	2月	3月	4月	5月	6月	**7月**	**8月**	**9月**	**10月**	11月	12月
54	撕唇阔蕊兰	1月	2月	3月	4月	5月	6月	**7月**	**8月**	**9月**	**10月**	11月	12月
55	触须阔蕊兰	1月	**2月**	**3月**	**4月**	5月	6月	7月	8月	9月	10月	11月	12月
56	鹤顶兰	1月	2月	**3月**	**4月**	**5月**	**6月**	7月	8月	9月	10月	11月	12月
57	黄花鹤顶兰	1月	2月	3月	**4月**	**5月**	**6月**	**7月**	**8月**	**9月**	**10月**	11月	12月
58	石仙桃	1月	2月	**3月**	**4月**	**5月**	6月	7月	8月	9月	10月	11月	12月
59	细叶石仙桃	1月	**2月**	**3月**	**4月**	5月	6月	7月	8月	9月	10月	11月	12月
60	广东舌唇兰	1月	2月	3月	4月	**5月**	6月	7月	8月	9月	10月	11月	12月
61	紫金舌唇兰	1月	2月	3月	**4月**	5月	6月	7月	8月	9月	10月	11月	12月
62	独蒜兰	1月	2月	3月	**4月**	**5月**	**6月**	7月	8月	9月	10月	11月	12月
63	小片菱兰	1月	2月	3月	4月	5月	6月	7月	8月	**9月**	**10月**	11月	12月
64	寄树兰	1月	2月	3月	4月	5月	**6月**	**7月**	**8月**	**9月**	10月	11月	12月
65	苞舌兰	1月	2月	3月	4月	5月	6月	**7月**	**8月**	**9月**	**10月**	11月	12月
66	绶草	1月	2月	3月	**4月**	**5月**	**6月**	**7月**	**8月**	9月	10月	11月	12月
67	香港绶草	1月	2月	**3月**	**4月**	**5月**	**6月**	**7月**	**8月**	9月	10月	11月	12月
68	带唇兰	1月	2月	**3月**	**4月**	5月	6月	7月	8月	9月	10月	11月	12月
69	香港带唇兰	1月	2月	3月	**4月**	**5月**	6月	7月	8月	9月	10月	11月	12月
70	南方带唇兰	1月	**2月**	**3月**	4月	5月	6月	7月	8月	9月	10月	11月	12月
71	线柱兰	**1月**	**2月**	**3月**	4月	5月	6月	7月	8月	9月	10月	11月	12月
72	芳线柱兰	1月	**2月**	**3月**	**4月**	5月	6月	7月	8月	9月	10月	11月	12月
73	白花线柱兰	1月	**2月**	**3月**	**4月**	5月	6月	7月	8月	9月	10月	11月	12月
74	黄唇线柱兰	1月	2月	**3月**	**4月**	5月	6月	7月	8月	9月	10月	11月	12月
75	毛唇芋兰	1月	2月	3月	4月	**5月**	6月	7月	8月	9月	10月	11月	12月
76	大花蕙兰‘火凤凰’	**1月**	2月	3月	4月	5月	6月	7月	8月	9月	10月	11月	12月
77	文心兰‘黄金2号’	**1月**	**2月**	**3月**	**4月**	**5月**	**6月**	**7月**	**8月**	**9月**	**10月**	**11月**	**12月**
78	美杜莎玉凤花	1月	2月	3月	4月	5月	6月	**7月**	**8月**	9月	10月	11月	12月
79	威后兜兰	**1月**	2月	3月	4月	5月	6月	7月	8月	9月	10月	11月	**12月**
80	杏黄兜兰	1月	**2月**	**3月**	4月	5月	6月	7月	8月	9月	10月	11月	12月
81	硬叶兜兰	1月	**2月**	**3月**	**4月**	5月	6月	7月	8月	9月	10月	11月	12月
82	大香荚兰	1月	2月	3月	4月	5月	6月	7月	**8月**	9月	10月	11月	12月
83	钻柱兰	1月	2月	3月	4月	5月	6月	7月	8月	9月	**10月**	11月	12月
84	梳帽卷瓣兰	1月	**2月**	**3月**	**4月**	**5月**	**6月**	**7月**	**8月**	**9月**	**10月**	11月	12月
85	白及	1月	2月	3月	**4月**	**5月**	6月	7月	8月	9月	10月	11月	12月
86	肿节石斛	1月	2月	**3月**	**4月**	5月	6月	7月	8月	9月	10月	11月	12月
87	齿瓣石斛	1月	2月	3月	**4月**	**5月**	6月	7月	8月	9月	10月	11月	12月
88	束花石斛	1月	2月	3月	4月	5月	6月	7月	8月	**9月**	**10月**	11月	12月
89	禾叶贝母兰	**1月**	2月	3月	4月	5月	6月	7月	8月	9月	10月	11月	12月
90	扇脉杓兰	1月	2月	3月	**4月**	**5月**	6月	7月	8月	9月	10月	11月	12月
91	斑叶杓兰	1月	2月	3月	4月	5月	**6月**	**7月**	**8月**	9月	10月	11月	12月
92	云南杓兰	1月	2月	3月	4月	**5月**	6月	7月	8月	9月	10月	11月	12月
93	西藏杓兰	1月	2月	3月	4月	**5月**	**6月**	**7月**	**8月**	9月	10月	11月	12月
94	宽口杓兰	1月	2月	3月	4月	5月	**6月**	**7月**	8月	9月	10月	11月	12月
95	黄花杓兰	1月	2月	3月	4月	5月	**6月**	**7月**	**8月**	**9月**	10月	11月	12月
96	绿花杓兰	1月	2月	3月	**4月**	**5月**	6月	7月	8月	9月	10月	11月	12月
97	乐昌虾脊兰	1月	2月	**3月**	**4月**	5月	6月	7月	8月	9月	10月	11月	12月
98	翘距虾脊兰	1月	**2月**	**3月**	**4月**	**5月**	6月	7月	8月	9月	10月	11月	12月
99	三棱虾脊兰	1月	2月	3月	4月	**5月**	**6月**	7月	8月	9月	10月	11月	12月
100	天麻	1月	2月	3月	4月	**5月**	**6月**	**7月**	8月	9月	10月	11月	12月

参考文献

CFH 自然标本馆 http://www.cfh.ac.cn/default.html.

陈心启，吉占和，罗毅波．中国野生兰科植物彩色图鉴 [M], 北京：科学出版社，1999.

盖雪鸽，邢晓科，郭顺星．长茎羊耳蒜菌根真菌类群的研究 [J]. 菌物学报，2016, 35(3):290-297.

高江云．开花结果的秘密 [J]. Garden 园林，2014,70-72.

李鹏，罗毅波．中国特有兰科植物褐花杓兰的繁殖生物学特征及其与西藏杓兰的生殖隔离研究 [J]. 生物多样性，2009, 17(4): 406-413.

林维明．台湾野生兰赏兰大图鉴 [M], 台湾：天下远见出版社，2006.

QIN-LIANG YE, YU-FENG LI, ZHI-MING ZHONG, et al. Platanthera guangdongensis and P. zijinensis (Orchidaceae: Orchi daceae), two new species from China: Evidence from morphological and molecular analyses [J]. Phytotaxa 2018, 343(3): 201-213.

The plant list http://www.theplantlist.org/.

王莲辉，朱玉琴，姜运力，等．黄花鹤顶兰的组织培养与快速繁殖 [J]. 植物生理学通讯 2007, 43(5): 899-900.

吴沙沙．独蒜兰：雾境 " 仙葩 " [J]. Forest et Humankind, 2019, 11: 70-73.

营婷，宋园园，徐静，等．兰科保护遗传学研究进展 [J]. 安徽农业科学，2013, 41(8):3297-3302.

张自斌，杨媚，赵秀海，等．腐生植物无叶美冠兰食源性欺骗传粉研究 [J]. 广西植物，2014, 34(4): 541-547.

中国科学院昆明植物研究所．中国植物物种信息数据库 http://db.kib.ac.cn/eflora/View/plant/Default. aspx.

中国科学院仙湖植物园．深圳植物志（第 4 卷）[M], 深圳：中国林业出版社，2012.

中国科学院中国植物志编辑委员会．中国植物志 [M], 北京：科学出版社，1959-2004, 1-80.

朱根发，徐晔春．名品兰花鉴赏金典 [M], 长春：吉林科学技术出版社，2011.

部分照片提供者名单（排名不分先后）

地宝兰（植株、花）：世华

地宝兰（种子）：李涟漪

绿花斑叶兰（花）：吴棣飞

美冠兰（花）：程丽艳

宽口杓兰（植株）：李勇、施振宇

毛唇芋兰（植株、花）：蒋蕾

见血青（植株、花）：山野

金线兰（植株）：山野